サイエンス超簡潔講座

合成生物学

イス=著

恵=訳

NEWTON PRESS

謝辞

まず、最初にこの本を書くように勧めてくれたオックスフォード大学出版局のラサ・メノン氏に甚深《じんしん》なる感謝の意を表したい。また、私の研究室のメンバーと、研究室があるエジンバラ大学の合成生物学コミュニティには、非常に有益な議論をしていただき、感謝の意に絶えない。そして、いつものように、ケイティのサポートと忍耐、アドバイスに、心から感謝を捧げる。

目次

1

解析生物学から合成生物学への道

生命を「つくる」時代が始まった

合成生物学とは、設計によって新しい生命システムをつくりだすことで、研究室の枠をはるかに越えて注目を集め、世間でも活発な議論を呼んでいる成長著しい科学技術の分野である。経済学者や政府閣僚、産業界のリーダーのなかには、合成生物学が生産性を一変させる可能性があると考えている者もいる。イギリスの大学・科学担当大臣(UK Minister for Universities and Science)のデビッド・ウィレッツは、「合成生物学は現代科学のなかでも最も有望な分野の一つであり、それゆえわれわれは合成生物学を将来のわが国の八大科学技術の一つに挙げている。合成生物学は、経済成長を牽引する可能性を秘めている」と断言した。一方で、懐疑的な見方をする者もいる。バイオテクノロジーの法的側面の専門家であるジョナサン・カーンは、合成生物学を「次々と展開される大規模なバイオテクノロジー事業に寄せられる大きな期待のなかでは、最も新しいものである。しかしながら、今のところ当初推進者たちが言っていた、途方もない主張を実現するまでにはとうていたっていない」と評している。合成生物学は、さまざまな環境問題やエネルギー問題の解決策であると見据えている評論家もいる。コロンビア大学地球研究所のレニー・チョーは、「合成生物学のイノベーションは世界のエネルギー危機を解決し、水や土壌、空気を浄化して環境を回復させるのに役立つ可能性がある」と期待を寄せている。しかしながら、まったく納得していない者もいる。ＥＴＣグループ（Action Group on Erosion, Technology and Concentration―侵食・技術・集中に関する行動グループ）のジム・トーマスは、「合成生物学はハイリスクな利益追求型の分野で、まだほとんど理解されていない要素を使用して生命体を構築している。実験室でつくられた生命体が逃げ出す可能性があること、そしてその生命体を利用することが、既存の自然な生物多様性を脅かすことはわかりきっている」と警鐘を鳴らしている。これは、マニアが単なる趣味であれ、利益追求のためであれ、コミュニティーのワークショップや自宅の庭の納屋であれこれいじくり回して楽しむことと同じではない。一方で規制がないので素人にもチャンスがある。このような活動を非常に前向きに捉えている観測筋もいる。トッド・キオッケンは『*The Scientist*（ザ・サイエンティスト誌）』[＊1]の社説で、「アマチュアの科学者たちは、好奇心と探求心という人間の精神のなかにある新しいモデルを使って、教育やイノベーション、問題解決に熱心に取り組んでいる」と述べている。また、このような素人による実験を規制することが急務だと考える者もいる。著名な遺伝学者であるジョージ・チャーチは、「素人も含めて合成生物学を

＊１　１９８６年創刊の生命科学の最前線を取り上げた雑誌。

実践するなら、免許を取得するべきだ。車と同じではないかね?運転する人ならだれでも免許は取るだろう?」と指摘している。

双方が大げさに言い立てることで、議論はますます白熱化している。特に、新しい技術がそれ単体で考えられた場合や、その発生源である張り巡らされた蜘蛛の巣のような伝統的科学から切り離されて、まったく新しいものであるかのように「偽って」発表された場合には、極端な反応が巻き起こるのはよくあることだ。本シリーズ『*Very Short Introduction*』の目的は、賛否両論巻き起こっているこの状況下で、合成生物学の概要をできる限りバランスよく紹介することにある。合成生物学を一つの技術として普及させようとする意図も、逆にそれを抑制すべきであるという主張に賛成する議論を繰り広げようとする意図もない。それよりも、合成生物学の領域を説明・図解し、社会全体との相互作用の現状とその可能性を示すことを目的としているのである。

合成生物学は、さまざまな場面において多様な方法で定義されてきたが、最も一般的な定義では、生物学全体は「解析生物学」と「合成生物学」の二つに分かれている。科学史のなかでほぼ唯一の生物学ともいえる解析生物学は、自然に進化した生物がどのように機能しているか理解することを目的とする。対照的に合成生物学は、意図的な設計によって新しい生命システムを創造することを目的としている。後者の定義は、たとえば遺伝子操作の要素は一切必要ないものも含まれるように、使用する手法とは無関係である。後述するが、実のところ合成生物学の一つである生命をつくり上げる研究においては、遺伝子とはほとんど関係がない研究が行われている。このように定義すると、合成生物学は少なくとも小規模ではすでに日常的に行われている既存の生物を改造してまったく新しいことを始める研究から、まだ実現されてはいないが、無生物の構成要素から生物をつくり上げる研究まで多岐にわたっている。本書のテーマが多種多様なのは、合成生物学が先述のように定義されているからであり、またこの学問が明確で独立した二つの歴史的ルーツをもっているからでもある。一つは知識を追求する過程で生じた、19世紀の自然哲学における問いかけであり、もう一つはより実用指向で、20世紀後半のバイオテクノロジーから発生したものである。

合成生物学の第一のルート

哲学者や科学者が問う生物学的な最も深い疑問の一つは、生命が物理学や化学の自然法則で完全に説明できるかどうかということである。19世紀から20世紀初頭にかけて、生命は精巧に組織化された化学的現象と物理的現象であるとみなす唯物論者《マテリアリスト》と、生命現象には化学および物理学の法則だけでは説明できない独特の原理、すなわち「élan《エラン》 vital《バイタル》（生命力）」が必要であるとする生気論者《バイタリスト》との間で活発な議論が繰り広げられた。最近では、生気論は非合理的、独断的として否定されることが多いが、当時の生気論者は唯物論者と同じように、あらゆる点において実験結果で示される科学的根拠に基づいていた。19世紀の生物学上最も有名な実験の一つは、パスツール[*2]の実験である。実験では殺菌した肉汁は密封してあれば無菌のままであるが、わずかでもいったん微生物が混入すると、肉汁のなかで膨大な数の微生物が増殖することが認められた。肉汁には生きた新しい細胞をつくるためのすべての原料が含まれているが、生命を出現させるためには微生物を植えつける必要があったということは、原料の存在だけでは生命出現には不十分だということだ。つまり、何かほかのもの、既存の生命体にしか提供できない何かが必要なのだ。生気論者にとってはこの欠落した成分こそが「生命力」であった。唯物論者にとっては、欠落しているのは細胞が細胞自身のコピーを生産することを可能にする「組織化」という機能であり、「組織化」こそが単純な化学成分の肉汁に欠けているものであった。両方の説明がデータと適合しており、どちらの立場をとるかは、科学的な証明というよりも信念の問題であった。

　生気論の問題を解決するために、解析的アプローチと合成的アプローチという、非常に異なる二つのアプローチがとられてきた。解析的アプローチは、生物がどのように機能しているかを物理化学的、機械論的[*3]に完全に理解することを目的としている。いずれにせよ、この解析的アプローチは主流にある生物学の多くの分野で中心的なものであったが、それは科学的好奇心によるものであった。また、医学や農業における多くの実用的な問題にとっては、生命プロセスの分析が重要だったからでもある。この2世紀にもわたる解析的研究のハイライトは、1850年代のメンデルによる遺伝学の理論の発表、1860年代のフリードリヒ・ミーシャーによるDNAの発見、1870年代のテオドール・ボヴェリによる細胞分裂に関わる染色体の複製と共有の過程に関する発表などである。1902年にはテオドール・ボヴェリとウォルター・サットンが特定の遺伝子が特定の染色体と関連していることを示し、1944年にはオズワルド・エベリーが染色体のDNAで遺伝子を特定できることを証明した。1953年にはジェームズ・ワトソンとフランシス・クリックが、DNAは二重螺旋《らせん》構造をもっており、それがDNA自らのコピーをつくるうえで鋳型となりうると提唱した。過去数十年の間に膨大な数の研究者が、遺伝子がどのようにしてタンパク質の合成を指示しているのか、ある種のタンパク質が遺伝子の活動や代謝反応をどう

＊2　フランス人の科学者、ルイ・パスツールによる「微生物は自然発生しない」ことを証明した実験。この実験によって従来までの微生物は栄養さえあれば自然に産まれるという考えを覆した。

＊3　自然現象に対し、神や霊魂の存在を用いず、物理や化学の法則によって説明する立場のこと。

やって順番に制御しているのか、染色体を分離し細胞を分裂させて二つの娘細胞をつくる細胞の分子機構が、実際どのように機能しているのかを明らかにしてきた。

このような解析作業のおかげで唯物論者は、細胞機能の多くの側面における物理化学的基礎を説明する能力を飛躍的に向上させることができた。しかし、それ自体は帰納法以外で生気論が誤りであることを証明する方法を与えてくれたわけではない。帰納法による証明は本当の意味での「証明」ではないが、れっきとした科学の基盤として成り立っている。帰納法は、多くの特定のケースで観察されたパターンが普遍的に真実であるに違いないと仮定することによって機能する。私たちは人間、犬、猫、コウモリ、ゾウ、そして何百ものほかの哺乳類が四室心臓をもっていることを知っているので、たとえ自分たちがすべての哺乳類の種を解剖したわけでも発見さえしたわけでもなく、四室心臓をもっているのは哺乳類の特徴であると自信をもって言えるのである。帰納法は科学の世界ではおなじみのものであるが、実は危険を伴う。人間、犬、猫、コウモリ、ゾウ、ハエ、管状虫およびほかの多くの動物は、鉄を含むヘモグロビンを使用して体中に酸素を輸送しており、これが酸素輸送の普遍的なモードであるという「ルール」につながっている。しかし、カブトガニは鉄の入ったヘモグロビンではなく銅を含むヘモシアニンを使っていることが判明した。これは、帰納法にとっては不都合なことだった。このような例を見ると、細胞生物の多くの側面が物理化学的な用語で説明されてきたという事実が、いまだに「このルールには生気論的な例外はない」という論理的な証拠にならないことがわかる。意識のような側面も含めて、生命のあらゆる側面が説明されて初めて、解析的アプローチは生気論に断固として反論できるのである。しかし、そこにたどり着くまでの道のりは長いようだ。

生気論についての議論を終結させるため、帰納法に取って代わって登場した合成的アプローチは、パスツールの実験によって突きつけられた挑戦を直接受けて立つことを目的としていた。もし、非生命体の構成要素から人工的に生命体を合成できれば「生命力」の必要性は無視され、唯物論的な説明が証明されるだろう。合成的アプローチは、すでにこの方面において重要な役割を果たしていた。１８２８年、ドイツの化学者フリードリッヒ・ヴェーラーは、これまで有機体としてしか知られていなかった尿素分子を初めて無機化合物から合成することに成功した。生気論に関する議論を明確に念頭に置いて行われたわけではなかったが、この合成が有機物の化学的性質と無機物世界の化学的性質を結びつけ、その結果唯物論者たちは歓声を上げた。合成化学から合成生物学へと創造的な研究の範囲を広げることは、次の論理的なステップへの第一歩であったのだ。

完全な生細胞を合成するのはどう見ても難しいと思われたため、最初は非生物組織を使用して細胞の行動の特定の様相を再現することに注目が集まっていた。合成生物学の基礎とされるこの分野における最初の有名な仕事の一つは、１９１２年に発表されたステファヌ・ルドゥックの著書『合成生物学（仏題：*La Biologie Synthétique*）』である。ルドゥックはこの本のなかで、生命とは純粋に物理的な現象であり、その組織化と発達は、物理化学的な力の組織力のみを利用して行われていると明言している。彼はこの見解を「物理主義」と呼び、「神秘主義」に対立するものとして提示した。そして、生きている細胞や生物で観察される事象に神秘的なものは何もないことを示すために、細胞に類似する機能をもつ生物に物理的な人工組織を構築した。彼は、「ある現象が生物のなかで観察され、人がその物理的メカニズムを理解していると信じていれば、おのずとその現象を生物の外でも再現できるはずである」と述べている。現代の言葉でいえば、彼が構築した組織は生きているものではなく〝生命を模倣したもの〟、すなわち「biomimetic《バイオミメティック》（生体模倣）」であった。非生物の構成要素から生体を模倣した組織を合成しようとしたのは、ルドゥックが最初ではなかった。特にモーリッツ・トラウベは、１８６０年代にタンニン酸に接着剤を滴下したり、フェロシアン化カリウムと塩化銅を混合したりして半透膜で覆われた小胞をつくっており、それは今でも実際の細胞に適用される浸透の法則を研究するために利用されている。ルドゥックはさらに先を進んで、化学物質を拡散する精巧な組織を使用して複雑な生体模倣パターンの驚くべき模倣物を作成した（20ページ図１）。ルドゥックは、これらの組織の行動を説明する際に、これらの模倣物は実際の物理的形態に加えて、栄養（このシステムは自分自身の構造を構築する際に使用するために単純な構成要素を食べるのである）、自己組織化、成長、環境への感受性、生殖、進化などを示していると主張した。彼はまた、生体を模倣した組織を研究することで地球の歴史をはるか昔にさかのぼり、生命の究極の起源に光を当てることができるかもしれないと論じた。スコットランドの偉大な生物学者であるダーシー・トムソンは、ルドゥックの本を精読しており、１９１７年に出版した『生物のかたち』（東京大学出版会）のなかで何度も引用している。

初期の合成生物学者が当時の知的思想に与えた影響は、彼らの研究が非常に技術的な性質をもつことを考えると、驚くほど広範囲にわたるものであった。たとえば、マルクス主義の論客フリードリヒ・エンゲルスは、彼の著書『反デューリング論』（新日本出版社）の第８章でトラウベの小胞について論じている。ノーベル賞受賞作家のトーマス・マンは、彼の寓話的な作品『ファウスト博士』（岩波文庫）の前半の章で、この本の中心人物の父親が、20世紀の変わり目に研究した生体模倣組織の説明に数ページを割いている。これらの組織のいくつかはルドゥックのものと酷似していて、ガラスのなかで成長した植物の形をした無機の成長物をはじめ、向日性（光を求める性質）のものなどもあった。そのなかの一つで「貪《むさぼ》る雫」と呼ばれる水中の油は、シェラックニスでコーティングされたガラスの繊維

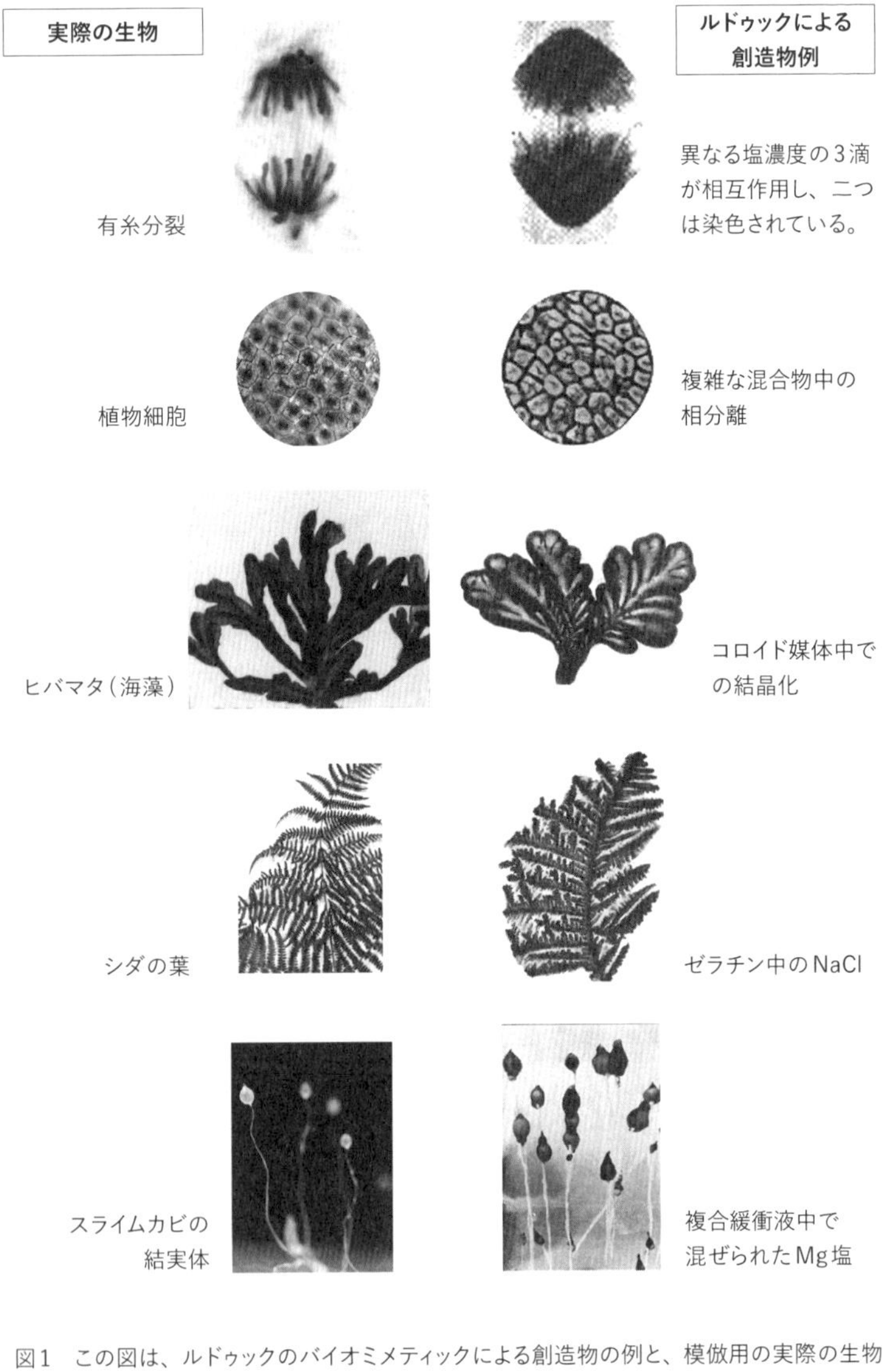

図1　この図は、ルドゥックのバイオミメティックによる創造物の例と、模倣用の実際の生物の生体構造〔Mg = マグネシウム、NaCl = 塩化ナトリウム（一般的な塩）〕を示している。

に付着すると、変形して繊維を巻き込んでニスを剥ぎ取り、その残骸を吐き出す。トーマス・マンはこの組織を小説のなかで非常に巧みに説明しているため、現在でも容易に再現することができる。私は学部生たちをからかうために、プロジェクターでよく「貪る雫」の画像を見せている。トーマス・マンは、生気論と唯物論の間の緊張を利用して、のちの倫理観、天才、狂気、原因、そして結果に対する神学的説明と合理的説明の間に横たわる両義性の土台を築いたのであった。

初期の合成生物学者は、生体模倣を利用して自分たちの科学を支える物理学的なメカニズムを探し、解析手法を用いる生物学者、特に発生生物学者を説得しようとしていた。なぜならば、発生生物学[*4]は生気論者たちの本拠地だったからである。特にこの点で、彼らはひどく誤解され、嘲笑されることさえあった。同時に、競合する二つの新しい分野の発展のおかげで、別の種類ではあるが「機械論」による解釈に望みが生まれていた。一つ目は遺伝学で、20世紀初めの10年間で、ミバエのような生物における遺伝性遺伝子中の突然変異と、特定の先天的変化の関連性を立証した。もう一つは１９２０年代に発見された胚誘導で、胚のある部位が別の部位で特定の発生現象を引き起こすというシグナ

＊4　生物が受精卵から個体まで成長する過程（特に、胚の発生から組織や器官の形成過程）を研究する学問のこと。

ル伝達である。これは物理学のような完全に機械論的なものではなく、「ブラックボックス」のなかで「AがBを引き起こし、それがCを引き起こす」というような意味での機械論的なものではあるものの、いつかそれらの文字や因果関係の経路が、物理学や化学で立証されるかもしれないという希望をもたらすものであった。20世紀後半、分子生物学の時代がこの希望に応え始めた。遺伝子は化学で立証され、分子レベルではある程度理解されていた一連の明確な因果関係は、遺伝子をタンパク質に結びつけることで成り立った。生物学の論理は物理学の方程式ではなく、分子や細胞などの実体を表す一連の名称と、プロセスを表す矢印とで表現されるようになった。

第一次世界大戦前の合成生物学の黎明期《れいめいき》には、ほとんど学術研究のためだけにつくられたバイオミメティックなやり方を基盤にしていたが、主流の生物学を一変させるまでには至らなかった。しかしながら、その目的が忘れ去られることはなかった。化学と生物学の両分野から集まった数名の研究者たちが、より改良されより多くの能力をもつ生命体に似た組織の合成を目指し、いつの日か非生命体組織から完全なる生命体組織をつくることを目標に掲げて研究を続けてきた。生命の起源に強い関心をもつ科学者のなかには、生命組織をつくることができる複雑な有機分子が、そもそもどのようにして誕生したのかという問題に取り組んできた者もいる。

この分野での画期的な実験は、１９５０年代にハロルド・ユーリーとスタンレー・ミラーが行ったもので、彼らは原始地球の環境をシミュレーションし、アミノ酸を含む複雑な分子が単純な前駆体から自然発生的に出現したことを発見した。１９５０年代にはボリス・パブロボッチ・ベルーソフが、空間と時間の中で自然発生的に複雑なパターンを生み出す化学組織を説明し、１９９０年代にはギュンター・ヴェヒターシューザーとその同僚たちが、鉱物黄鉄鉱の表面で複雑な代謝サイクルが組織化されていることを発表した。

しかしその一方で、大きな有機分子の存在を当然とし、細胞の自己複製に取り組んできた者もいた。１９８０年代からピエール・ルイージの研究室では、単純な膜で覆われた球体が前駆体分子を餌にして成長し繁殖するさまざまなシステムを生み出してきた。この２種類の研究のほとんどは、それぞれ別の動機に基づいて行われてきたが、両方ともルドゥックにとってはすでに聞き慣れたものだっただろう。前者は生命の起源についての理解を得るため、後者はいまだにパスツールの挑戦に対峙《たいじ》し、単なる帰納法ではなく、実際の証明によって生気論を否定するためのものである。

バイオテクノロジーの基礎

20世紀における遺伝学と分子生物学の台頭は、生物学者を生命の模倣や創造という課題から遠ざけることにはなったかもしれない。しかし、既存の生物に新たな設計によってつくられた機能をつけ加えるという、合成生物学の発展にはこの二つの課題は欠かせないものになっている。分子に関する知見の蓄積は、知的な面と実用的な面の二つの点で現代合成生物学の発展には極めて重要であった。知的な面では、分子に着目した手法により生物学者は細胞の内部の働きを機械論的に理解することができた。これは、自然の細胞と同様に機能する新しい細胞組織を設計するという課題にとっては重要な意味をもつ。本書で後述するように、これらの新しく設計された細胞は、環境、医学、工学、化学など、さまざまな分野で実用的な応用が可能である。

20世紀の生物学における最も重要な発見の一つは、生きている細胞の構造的、化学的、行動的な側面のほとんどすべてがタンパク質の機能に直接依存しているということだ。これは、何十年にもわたって何千人もの研究者が積み重ねてきた研究の成果であった。タンパク質はアミノ酸が非分岐の鎖状にpolymerization《ポリメリゼーション》(結合)してできたもので、ほとんどの生物は20種類のアミノ酸で成り立っている。それぞれのタンパク質は、そのタンパク質固有の順序のアミノ酸配列により構成されている。アミノ酸鎖は、アミノ酸配列によって制御されて三次元構造に折りたたまれ、三次元構造は場合によっては別種の既存のタンパク質との相互作用によっても制御される。三次元構造とそれを構成するアミノ酸の化学的性質が、タンパク質の化学的活性を決定するのである。生物は多くの種類のタンパク質をつくっている。数え方にもよるが、人間の場合は約10万種類のタンパク質が生成されている。髪の毛や爪のケラチンがその例である。また、化学的に活性で生化学反応を触媒する酵素の役割を果たしているタンパク質もある。化学反応のなかには、食物を分解してエネルギーを得たり、アミノ酸を生成して新しいタンパク質を合成したりするなど、代謝にかかわる反応もある。また、特定のタンパク質に化学的修飾を施して活性を変化させるものもある。このようにして、ある酵素がほかの酵素や構造タンパク質の活性を制御でき、その酵素自身も同様の制御を受ける場合がある。典型的な細胞内には何万もの異なるタンパク質が存在し、相互調節と制御という広大な制御ネットワークを形成している。ある種のタンパク質の活性は、糖、金属イオン、老廃物など特定の小分子と結合して変化するため、細胞の制御ネットワークは「環境」に敏感に反応する。「環境」にはほかの細胞も含まれ、細胞は小分子や分泌タンパク質を使って互いにコミュニケーションをとることができる。このコミュニケーションは、たとえば協力して体をつくるなど、両方の細胞の利益になることもあれば、アメーバーが細菌の細胞から分泌物を検出してそれを食べようと動くように、一方の細胞は意図しないが、もう一方の細胞にとっては有用なこともある。

タンパク質が生命の化学的・調節的プロセスを実行するうえで中心的な役割を果たしていることを考えると、自然のものであろうが設計によるものであろうがタンパク質の合成は、産業界や医学界のバイオテクノロジーの専門家にとっては昔から大きな関心事である。ごく最近になって非常に小さくて単純なものであれば可能になってきたものの、化学的手段によるタンパク質の直接合成はとてつもなく困難である。しかし幸いにも、細胞自体が解決策を提供してくれている。生きている細胞内でのタンパク質の合成は、ごく単純なポリマーで長い化学的サブユニット「塩基」の配列からなる核酸であるｍＲＮＡ[*5]によって制御されている。塩基はＡ、Ｃ、Ｇ、Ｕと略される４種類があり、その順番は各ｍＲＮＡに固有のものである。細胞のタンパク質合成装置は、ｍＲＮＡに結合して移動し、塩基の順番を三つセットで読み取り、これらの四つの塩基のうち三つの文字の組み合わせ（codon《コドン》）に従って合成途中のタンパク質鎖に追加する新しいアミノ酸を選択する。この塩基配列をアミノ酸配列に翻訳する規則が「遺伝子情報」を形成している。各ｍＲＮＡの塩基配列は、それ自体がおおむね類似した核酸であるＤＮＡの塩基配列によって、一対一の方法で決定される。細胞内の非常に長いＤＮＡの鎖のところどころ（ただし決まった場所）

には、transcription《トランスクリプション》（転写）と呼ばれるプロセスで、ｍＲＮＡをつくるための酵素複合体が結合できるＤＮＡの塩基配列がいくつもある。タンパク質因子の適切な組み合わせができると、酵素複合体はＤＮＡ上に集まってＤＮＡに沿って移動を開始し、ＤＮＡ中の塩基配列を新しくＲＮＡの塩基配列へと転写し、停止するための情報がコードされたＤＮＡ配列に至ると停止する。ＲＮＡに転写できるＤＮＡの範囲が、物理的な実態としての遺伝子である。そうして形成されたＲＮＡは、いくつかのprocessing《プロセシング》＊6を経て翻訳され、タンパク質になる。いくつかのケースでは、合成されたタンパク質は、ほかの遺伝子を活性化するうえで重要なものの一つとなり、そのため、遺伝子はタンパク質（ときには本書で述べられる範囲外のほかの生体分子）によって相互調節されるネットワークにリンクされる。要するに、ＤＮＡに保持されている情報はＲＮＡ中間体にコピーされ、タンパク質の合成を指示するために利用されているのである（28ページ図2）。

細胞がタンパク質を合成するための情報の貯蔵庫としてＤＮＡを利用しているという発見は、現代のバイオテクノロジーの発展にとって重要な意味をもっていた。細胞はＤＮＡを恒久的な保管庫として管理し、増殖するときにはそれを忠実に再現するため、娘細胞は

＊5　ｍ（メッセンジャー）ＲＮＡ。遺伝情報であるＤＮＡからコピーされ、タンパク質をつくる情報となる。

＊6　翻訳される前に生じる、転写されたｍＲＮＡの内部配列（イントロン）の切り出しや、末端への化学修飾構造の付加などのこと。

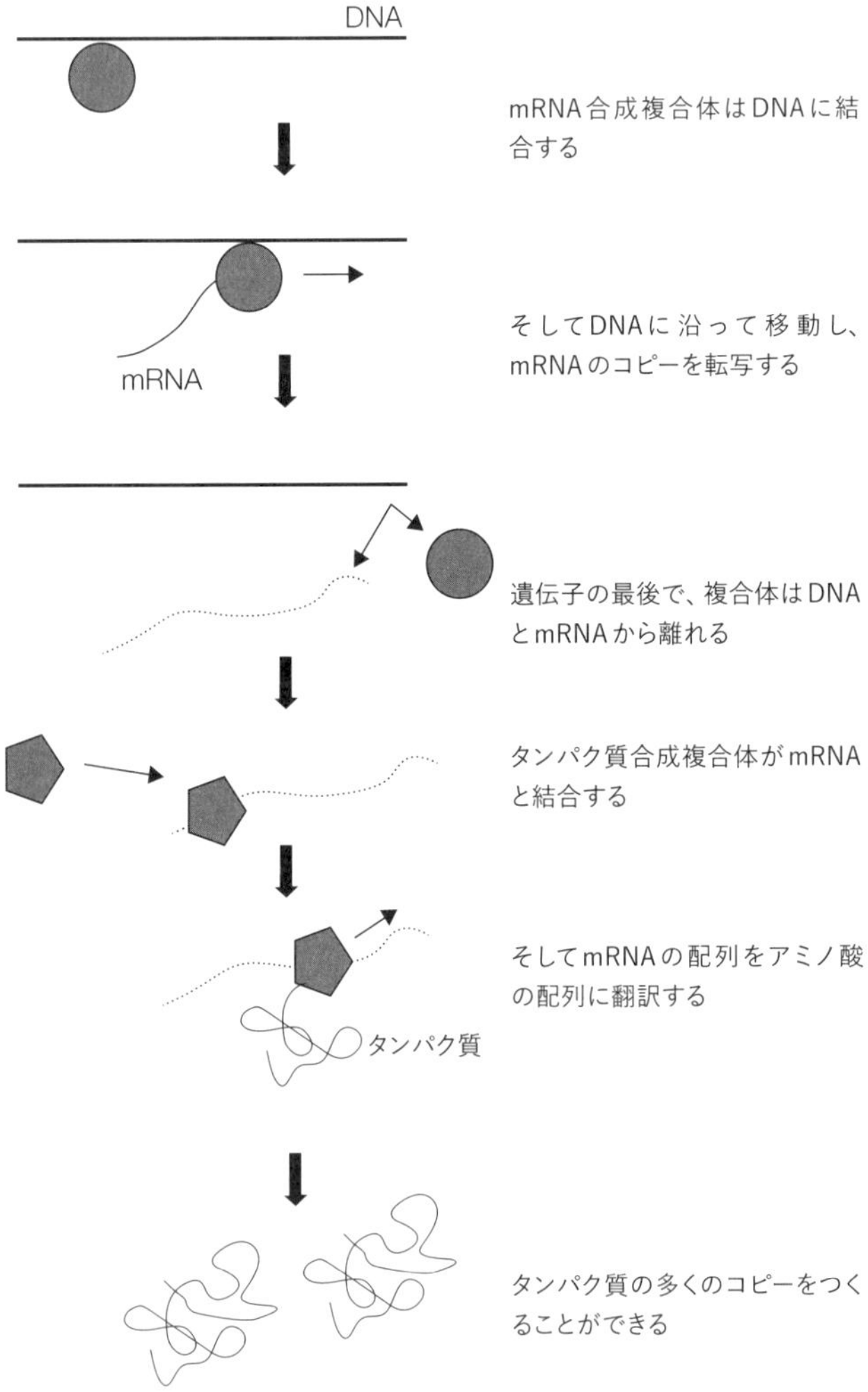
DNA
mRNA合成複合体はDNAに結合する
mRNA
そしてDNAに沿って移動し、mRNAのコピーを転写する
遺伝子の最後で、複合体はDNAとmRNAから離れる
タンパク質合成複合体がmRNAと結合する
タンパク質
そしてmRNAの配列をアミノ酸の配列に翻訳する
タンパク質の多くのコピーをつくることができる

図2　DNAに保持されている再利用可能な情報は、細胞の構造をつくり、新陳代謝を行うタンパク質をつくるために利用されている。

貯蔵された情報の完全なコピーをもつ。タンパク質を直接合成するのではなく、ＤＮＡを合成し、それを使って細胞にタンパク質を合成させるという考えは、バイオテクノロジー企業の実現可能性、経済性に非常に大きな違いをもたらした。ナッシム・ニコラス・タレブは著書『ブラック・スワン―不確実性とリスクの本質』（ダイヤモンド社）のなかで、経済界を「Mediocristan《メディオクリスタン》（月並みの国）」と「Extremistan《エクストリーミスタン》（果ての国）」の二つのゾーンに分けた。「メディオクリスタン」の経済学では、プロジェクトに投入された労力と経済的利益の間には密接な関係があるとしている。つまり、鍛冶屋は蹄鉄《ていてつ》を履かせた馬の数で儲け、外科医は治療した患者の数で儲けるというわけである。「エクストリーミスタン」では、労力と見込み収益との関係は破綻していると述べられている。なぜならば、つくるのが難しいものでも一度つくってしまえば簡単にコピーできるので、最初にものをつくる労力とそれを売るためにより多くの商品をつくる労力との間に直接的な関係がないからである。小説、音楽録音、ソフトウェアは「エクストリーミスタン」の経済学に従っている。そして、タンパク質の直接合成は「メディオクリスタン」の経済学に従っているといえるだろう。１００グラムのタンパク質を合成するには、１グラムのタンパク質を合成する１００倍の労力が必要となる。間接的な合成は、ＤＮＡを介して「エクストリーミスタン」への扉を開く。原理的には少なくとも一度でも正しいＤＮＡ分子が合成されて細胞に入れれば、そのＤ

NA分子は細胞培養に餌を与え続ける限り細胞と一緒に無限に増殖でき、すべての細胞が目的のタンパク質を合成できるのである。

DNAを順序通りに配列して、そこからタンパク質をつくるように細胞を促す技術者の能力は、DNA配列の解読が可能になる以前の1970年代に始まり、ゆっくりと高まってきた。DNA工学は二つの方法で始まった。一つは遺伝子を直接合成する方法で、もう一つは天然細胞のDNAを切断して組み換え、新しい遺伝子の組み合わせをつくる方法である。1970年、ハー・ゴビンド・コラーナの研究室が酵母から遺伝子の人工コピーをつくり、初めて遺伝子を合成した。同年、ポール・バーグの研究室が自然のDNAを切断して配列を組み換える技術を発表し、1973年にはスタンレー・コーエンの研究室がこの組み換えDNAを生きた細菌細胞に組み込み、組み込まれた遺伝子から機能するタンパク質をつくることに成功した。1977年には、DNA分子に沿った塩基配列の解読には二つの異なる方法が導入され、DNA技術に重要な発展が見られた。一つはウォルター・ギルバートによるものであり、もう一つは[*7]フレデリック・サンガーによるものである。サンガーは、1951年に初めてタンパク質の配列解読に成功した人物でもある。DNA配列を決定する技術は、遺伝子の配列と機能の関係を解析するうえで極めて重要だった。DNA配列解読はタンパク質のアミノ酸の配列解読よりもはるかに簡単なので、タンパク質の配列は、現在（原稿執筆時点）ではタンパク質そのものではなく、対応遺伝子の解読によって決定されるのが一般的だ。ＤＮＡ配列は現在では１塩基あたり１円にも満たない額で解読でき、合成する場合も１塩基あたり約30円、つまり典型的な遺伝子全長分は約３万円というこことになる。遺伝子は今やわずか数時間のうちに解読や合成ができるうえに、大規模で複雑なプロジェクトの実行にも対応できるほど安価な技術になっている。

単一遺伝子組み換え工学の時代

ＤＮＡ塩基配列決定法が登場する前から、ＤＮＡ合成技術とＤＮＡ組み換え技術がバイオテクノロジーに絶好のチャンスを生み出すことは、研究者にとっては明白な事実であった。早くも１９６１年には、フランスの先駆的な分子生物学者フランソワ・ジャコブとジャック・モノーが、原理的には遺伝子制御要素を組み合わせることで自在に遺伝子の活性を制御することができるようになるだろうと推測していた。１９７４年には、ワクワウ・シバルスキー

＊７　イギリス出身の生化学者。１９５８年にタンパク質のアミノ酸配列決定法でノーベル化学賞を受賞。また、１９８０年にジデオキシヌクレオチドを使ったＤＮＡの塩基配列の決定法（サンガー法と呼ばれる）で再びノーベル化学賞を受賞。ノーベル化学賞を２度受賞したのはフレデリック・サンガーだけ。

が、まるで先を見通したかのように、ＤＮＡ組み換えと合成における現代の技術開発の観点から前記のアイデアを考察した記事を執筆し、解析的生物学という分野を越えて、彼がいうところの「合成段階」に入るその時代にまで目を向けていた。彼は、新しい遺伝子制御系の設計と構築、つまり新しい遺伝子制御系を既存のゲノムへ追加することや、完全に人工的なゲノムでさえ構築できると述べ、その新興分野を「合成生物学」とはっきりと呼んでいる。「合成生物学」とは、彼が１９７８年に『*Gene* 誌』に発表し、広く読まれていた記事のなかで再び使用した用語であった。[*8] この章を書くとき、私はシバルスキーに、彼が独自に「合成生物学」という言葉をつくったのか、あるいはルドゥックの「合成生物学」と意図的にリンクさせたのかどうかを尋ねた。シルバースキーは、彼がこの用語を発表した当時は、それ以前の研究については知らなかったと答えた。したがって、まったく独立した二つの基盤のうえに立っている複合分野と見るのが妥当である。

こうして見てみると、シバルスキーには先見の明があったと言えるが、彼の合成生物学の構想が実現化するまでには多くの苦労があったのも事実だ。分子生物学の発展にとって最初に行われた実際的な応用ははるかに単純で、一般的には宿主生物にほかの生物に由来する遺伝子を一つ導入して目的生成物を生産することに焦点が当たっていた。医学的に重要とされる遺伝子工学の初期の二つの応用例は、ヒトホルモンであるソマトスチタンとインスリンから生成される物質で、それぞれ１９７６年と１９７９年に実施された。どちらもアミノ酸配列は短いが、より大きなタンパク質と同様に遺伝子によって[9]コードされている。研究者たちは、制御ＤＮＡ配列を念頭に入れたうえで、ヒトの細胞を細菌のなかに移動させた。制御ＤＮＡ配列は、移植した遺伝子が人工のインスリンをつくれるように、細菌細胞のなかで遺伝子の活性を促す働きをする。

　初の遺伝子組み換え植物は１９８３年につくられた。これは純粋に研究目的で行われたものであったが、１９８８年までには産業上有用なヒトの抗体をコードする遺伝子は、大量に合成できるように植物に移植されるようになっていた。のちに遺伝子工学は医療用タンパク質同様、食用作物にも利用されるようになっていった。１９４４年には「Flavr Savr《フレーバー セーバー》」という名のトマトCGN-89564-2が、人が食用とする遺伝子組み換え食品として初の認証を受けた。当時のほとんどの遺伝子組み換え生物とは違い、このトマトは余分なタンパク質生成はしないが、その代わりもとから存在するタンパク質（通常のトマトが熟してから、熟れ過ぎて腐るまでの過程に関係する酵素）の生成を妨げる遺伝子が組み込まれていた。狙い通り、遺伝子組み換えトマトは普通のトマトに比べて賞味期限が長かったが、商業的

＊８　１９７６年創刊の「遺伝子」に関わる研究論文雑誌。
＊９　遺伝子がコードするという場合、つくられるタンパク質の情報となっている遺伝子である、ということ。

には失敗し、１９９７年には市場から撤退した。同様に遺伝子操作されたトマトは、イギリスでトマトペーストや缶入りトマトに使われ、ラベルには遺伝子組み換えトマトである旨がはっきりと記されていた。最初は非常に売れ行きがよく、ピーク時には通常の商品を上回るほどであった。しかし、１９９０年代に遺伝子組み換え食品に対する大衆の見方が変わるという文化的な変化のなかで売り上げは減少し、遺伝子組み換えトマトの商品は店頭から姿を消した。

１９８０年代には、初の遺伝子組み換え哺乳類が登場した。これも当初は研究目的でつくられたものだった。80年代の終わりには、遺伝子組み換え技術は単に遺伝子をつけ加えるにとどまらず、遺伝学者はマウスのゲノムから選択した遺伝子を取り出したり、非常に精巧な方法で遺伝子の配列を組み換えたりできるようになっていた。こういった技術のおかげで、遺伝学者は人間の先天性疾患に関係する遺伝子と酷似した遺伝子異常をもつマウスをつくれるようになったのである。それゆえ、病理学者は病気のメカニズムを探ることができ、可能な限り医学的介入を試みようとする例も見られた。これらの研究結果を人間の医学に当てはめてみると、マウスと人間の違いからこれまでの成功例はまちまちで、マウスと人間との小さな生理学的な差が、治療の効果と安全性においては大きな違いとなることが明らかになった。

遺伝子組み換えの初期の研究は、最終生産物と関係するただ一つの遺伝子操作に焦点を当てており、第二の遺伝子が組み込まれるとしても、しばしば遺伝子組み換えに成功した生物の識別と選択のために追加された小さな遺伝子であった。20～21世紀の変わり目には、研究目的で行われた遺伝子組み換えプロジェクトで、複数の遺伝子を導入するのが普通となり、この傾向は商業的な応用にも広がっていった。この動きを示す興味深いある一つの例が、「ゴールデンライス」プロジェクトである。このプロジェクトの目的は、コメを主食として食べられている地域でよく問題となっているビタミンＡ不足という、世界的に深刻な健康問題への取り組みであった。ビタミンＡの不足で年間50万人が失明し、200万人が早逝している。人間はビタミンＡを動物性食物から直接摂取すると同時に、βカロチンのような植物色素からもビタミンＡを生成することもができる。自然のコメはカロチンをあまり含んではいないが、原理上はもしも遺伝子操作によってコメが大量のカロチンを含有するようになれば、ビタミンＡ不足の問題は大幅に解消できる可能性がある。コメはリコピンと呼ばれる前駆体からβカロチンを生成できるが（37ページ図３）、唯一の可食部である胚乳はほとんどリコピンを含んでいない。１９９０年代に遺伝子組み換えトマトに取り組んだ生化学者のピーター・ブラムリーは、細菌酵素であるフィトエンデサチュラーゼに着目した。この細菌酵素は、コメのなかで少量発生するフィトエンと呼ばれる分子からリコピンを生成するものである。彼は、コメが胚乳内のフィトエンデサチュラーゼを発現するように遺伝子組み換えを行い、最初のバージョンのいわゆる「ゴールデンライス」がつくられた。βカロチン色素の生成を強化したことで、コメが黄金色を呈したためこの名前がつけられたのだ。しかしながら、βカロチンの生成量が自然のコメの約5倍になったにもかかわらず、少量しかコメを食べない人々のビタミンA不足が解消されるにはまだ十分とはいえなかった。追加分析によると、細胞内のフィトエンが少量だったせいで、βカロチンの生成量が期待外れだったことが判明した。これはさらなる経路の改変が必要である可能性を示唆している。ラッパスイセン由来のフィトエン合成酵素は、ゲラニルゲラニルトランスフェラーゼと呼ばれる分子から、コメの胚乳内で大量のフィトエンを効率的に生成できる。ラッパスイセン由来のフィトエン合成酵素と細菌由来のフィトエンデサチュラーゼ遺伝子の両方をコメに導入することで、効率的なリコピン生成への道が開け、結果としてβカロチンの生成へとつながった(図3)。これは「ゴールデンライス2」と名づけられ、自然のコメの100倍以上のβカロチンを生成しており、実際の人間母集団を対象とした試験においてもβカロチン源としては良好な成績を収めている。だが、インフォームド・コンセントの原則に関していえば、倫理的な批判を集めている側面もある。このプロジェクトの未来は、生化学的な効率よりも、遺伝子組み換え食品の使用に関する政治的、

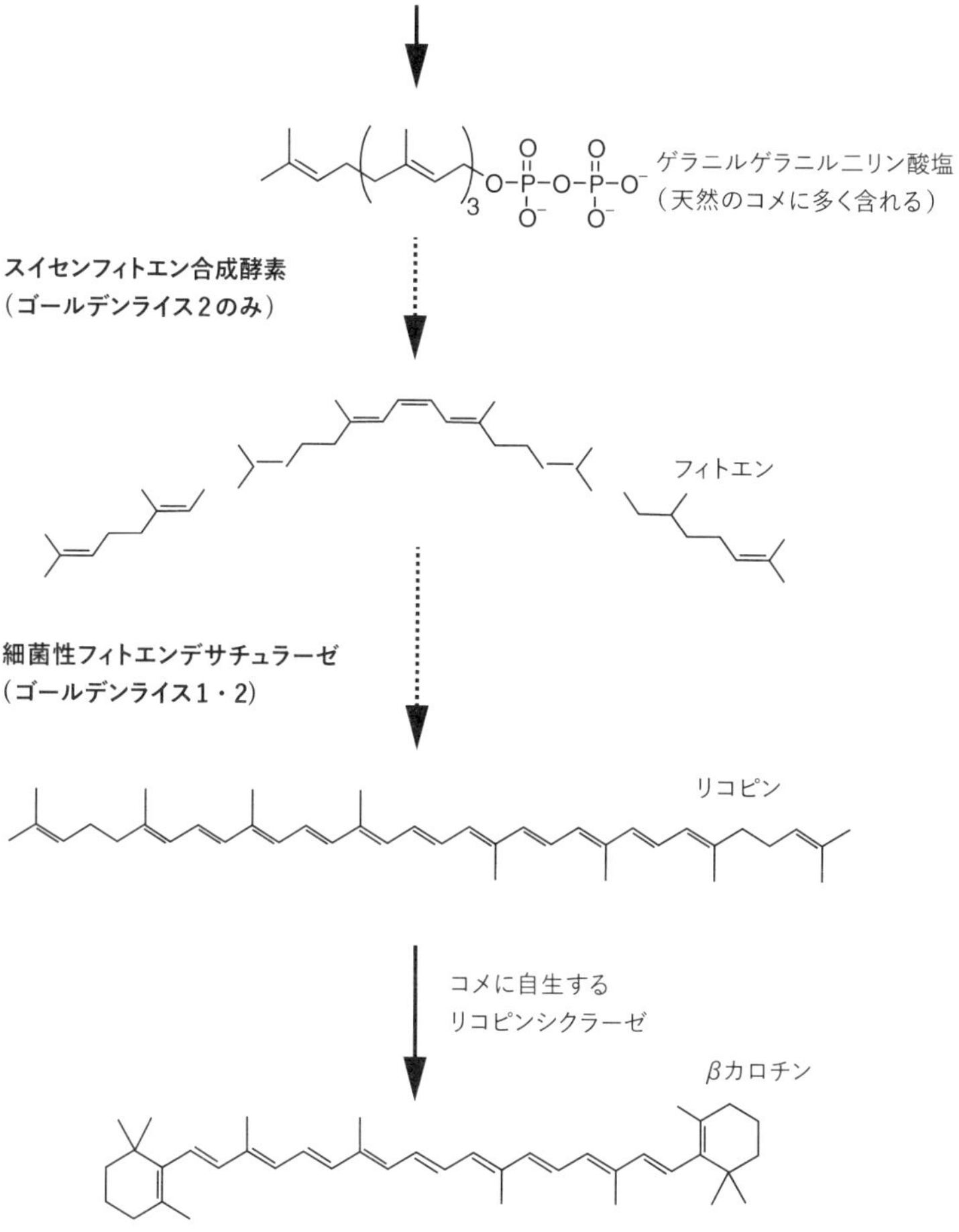

図3　この図は、コメがβカロチンの豊富な供給源となるように施された遺伝子操作の経路を示している。βカロチンはヒト細胞がビタミンAを生成できる物質である。実線の矢印はコメの胚乳内で通常進行している反応を示し、破線の矢印は通常進行しない（あるいは非常に効率が悪い）が、新たに追加された酵素によって発生した反応を示している。太字で示されているのは、導入された遺伝子である。

経済的、倫理的、そして環境的な議論にかかっているだろう。

合成生物学の第二のルート

「ゴールデンライス」が開発された時期は、伝統的な遺伝子操作と呼ばれるものを超えた、初の合成物（フレーバーセーバー）の発表時期と重なっており、この二つは開発者や解説者の間で、本物の「合成生物学」と称された。まさに、「ゴールデンライスプロジェクト」そのものがこの変遷を表していた。ただ一つの遺伝子をつけ加えただけの、最初のバージョンの「ゴールデンライス」はその時代の遺伝子工学にしっかりと根づいているようであった。「ゴールデンライス2」は、異なる生物から取り出した二つの新しい遺伝子を合わせもち、それらが一緒に作用することで代謝を大きく変化させる。「ゴールデンライス2」は規模が拡大し、多成分系になることで合成生物学の性質の一部をもっている。酵母の代謝を変化させせて抗マラリア薬をつくる合成生物学の経路ほど複雑ではないが（詳細は後述）、「ゴールデンライス2」をつくりだすための遺伝子操作の指針は明らかに同じ基本的なアイデアを使用している。つまり、もしある生物が目的の物質をつくれないとしたら、その生物の体内に豊富に存在する物質から目的の物質への代謝経路を一緒につくることができるほかの生物の酵素を特定し、それらの酵素の遺伝子をもつようにその生物を設計するのが妥当である。

２０００年には、新陳代謝以外の側面に関する合成生物学的デバイスの仕組みを例示する、二つの画期的な実験が発表された。それらは商業的、社会的なニーズに直接取り組むものではなく、代わりに思考を刺激するための概念実証用の構築物であった。ジェームズ・コリンズの研究室は二つの遺伝子からなる転写制御ネットワークを構築した。このネットワークでは、それぞれその遺伝子は自身がコードするタンパク質を経由して相手の遺伝子の転写を抑制する（図４）。この転写制御ネットワークを宿主である細菌細胞内

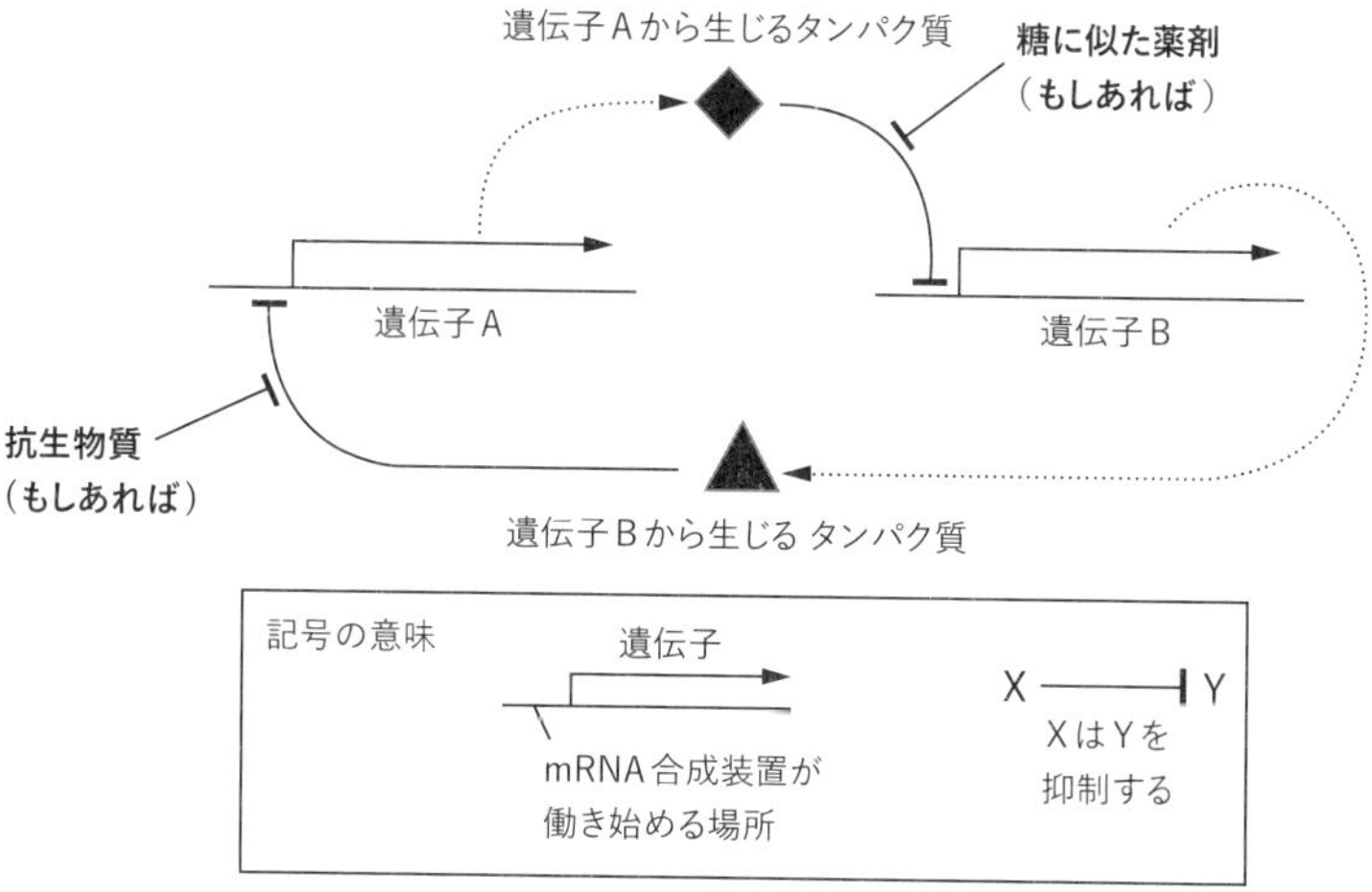

図４　ジェームズ・コリンズの研究室でつくられた合成生物学的な「ラッチ」は、ある薬物に一時的にさらされるとその状態を変化させ、ほかの薬物にさらされるまでその状態を維持する。

に導入すると、ほかのものに邪魔されないうちは起動し、この単純なネットワークは二つの安定状態を保つ。遺伝子Aがオン、遺伝子Bはオフ、あるいは遺伝子Aはオフで遺伝子Bがオンの状態である。このネットワークにはもう一つ別の特徴がある。このネットワークに用いている自然界の細菌にもともと存在するタンパク質は、それ自体が糖に似た薬品(A)、あるいは抗生物質(B)に抑制されることが可能なのだ。仮にネットワークがAはオン、Bがオフの安定した状態であっても、そこに糖に似た薬品(A)を添加すると、遺伝子Aのタンパク質はもはや遺伝子Bの働きを抑制しなくなる。ということは、遺伝子Bはオンになり、タンパク質Bが生成される。これが遺伝子Aを抑制し、このシステムは逆の状態になる。さらには、この状態は薬品がなくなっても継続される。もし、抗生物質が添加されると、タンパク質Bは遺伝子Aを抑制できなくなり、遺伝子Aは活性な状態に逆戻りする。ゆえに、ネットワークが記憶装置として働き、前回経験した薬品や抗生物質を添加された状態を記憶する。まさしくこの基本設計概念は、古典的なコンピューターの「Set-Reset《セット・リセット》latch《ラッチ》回路(SRラッチ回路)」と呼ばれる記憶回路と同じだと言える。当然、コンピューターでのSRラッチ回路の切り替えはナノ秒で終わる。生物を用いた場合は何時間もかかるのだが……。

2000年に行われたもう一つの劇的な実験は、マイケル・エロウィッツとスタニスラス・リーブラーの研究室で行われたものであった。彼らは前記と非常によく似たアイデアを使って、記憶回路ではなく振動体を構築した。ここでも、遺伝子はほかの遺伝子を抑制するタンパク質をコードするが、今回はA、B、Cの三つの遺伝子が使用された（図5）。遺伝子Aのタンパク質は遺伝子Bを抑制し、遺伝子Bのタンパク質は遺伝子Cを抑制する。そして遺伝子Cのタンパク質が遺伝子Aを抑制する。このシステムの振動挙動（周期的な振動）は、活性遺伝子が活性タンパク質の生成をもたらすまでにはある一定の時間（数分）がかかり、既存のタンパク質が分解し消滅するまでにも同様に、ある程度の時間（数分）がかかるという事実に依存する。遺伝子Cが活性であ

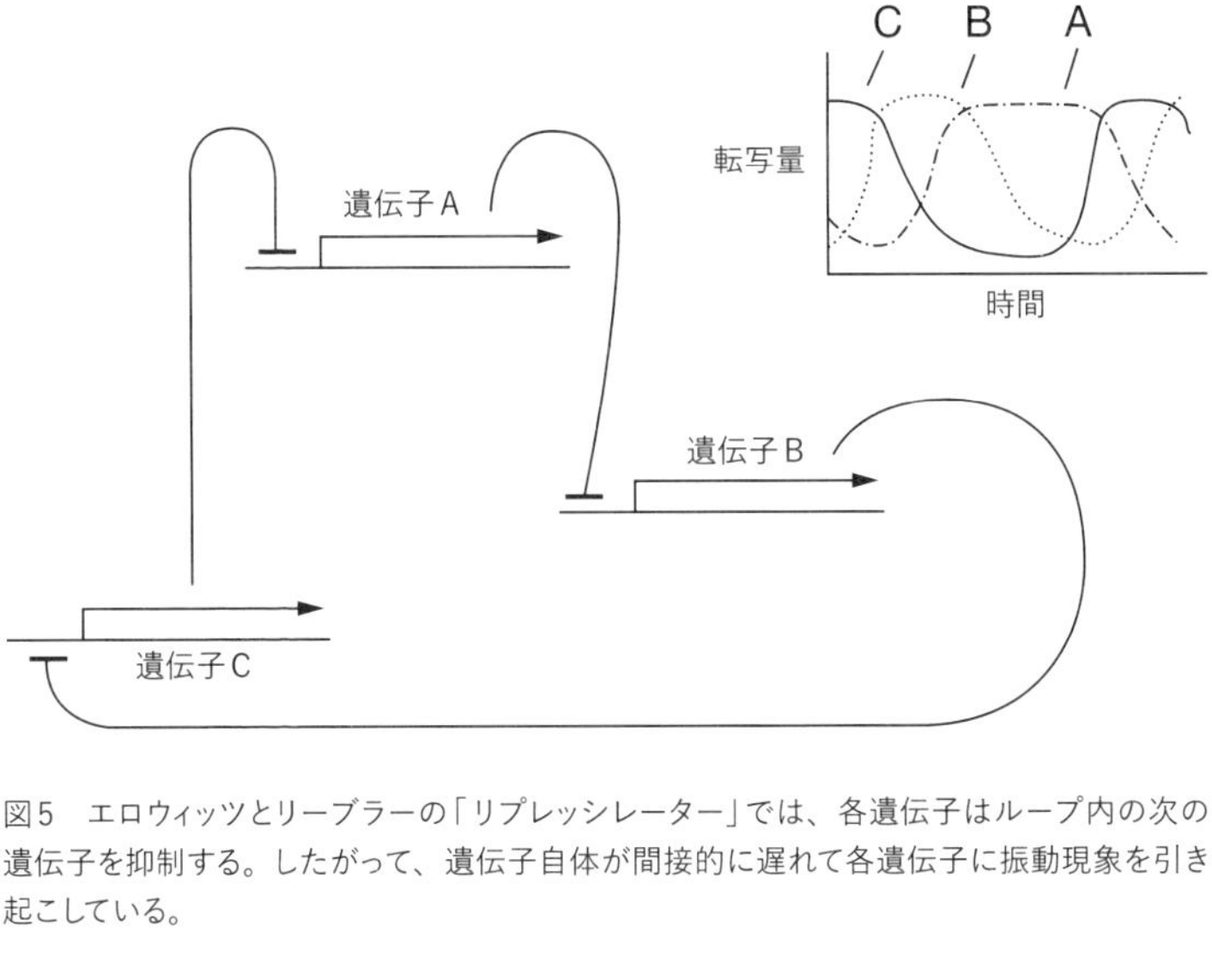

図5　エロウィッツとリーブラーの「リプレッシレーター」では、各遺伝子はループ内の次の遺伝子を抑制する。したがって、遺伝子自体が間接的に遅れて各遺伝子に振動現象を引き起こしている。

る状態を考えてみよう。遺伝子Cのタンパク質が遺伝子Aを抑制すれば、遺伝子Aのタンパク質はまったく生成されなくなる。遺伝子Aのタンパク質がなければ遺伝子Bは抑制されないので、遺伝子Bのタンパク質は当然生成される。すると遺伝子Bのタンパク質が遺伝子Cの動きを止めてしまう。いったん細胞内に残っている遺伝子Cのタンパク質のストックが分解されると、遺伝子Aを抑制するものは何もなくなるので、遺伝子Aのタンパク質が生成され、これが遺伝子Bの動きを止める。また細胞に残っていた遺伝子Bのタンパク質が分解されると、遺伝子Cを抑制するものはなくなり、遺伝子Cは活性化して遺伝子Cのタンパク質が生成される。そして遺伝子Aの動きが止まる。こうして振り出しに戻るわけである。このシステムでは、それぞれのタンパク質が周期的に山と谷のサイクルを行き来しながら、何度もこれを繰り返す。これは電子工学ではアナログのリング・オシレーターと呼ばれる発振回路で、開発者によって「リプレッシレーター」と名づけられた。

この「ラッチ」と「リプレッシレーター」のような合成遺伝子システムに続き、すぐにほかの発振回路や論理回路が現れたが、それらは遺伝子で成り立つ回路（遺伝子回路）を利用して細胞を取り巻く環境に敏感に反応する検出システムの創出につながった。このようなシステムの開発は哺乳類や植物のような多細胞生物へと拡大していった。それらの多くはエネルギーや環境、医学など、特定の目的のために設計されている。ここでその妥当性に対する「テスター」としての概要を紹介すると、批判的な評価をする余地があまりに少ないため、結果的に過大評価されてしまい誤解を招く危険性を伴っている。それゆえ、それぞれの分野での有用性については本書の別の部分で述べることにする。

この「ラッチ」と「リプレッシレーター」のようなシステムは、一般的には「合成生物学」の成果だと称されている。では、遺伝子工学と合成生物学の違いは何だろうか。科学者によって意見はさまざまだが答えをまとめてみると、少なくともぼんやりとした境界線は引けるようである。もちろん評価の基準が関係するのだが、より重要なことは何をもって新機能とするかである。細菌中にヒトホルモンの遺伝子を発現させたり、植物のなかにヒトの抗体遺伝子を発現させたりすることは「合成生物学」ではない。なぜなら、これらの生産物は人体で果たすのと同じ機能をもっているからである。製造上の都合で通常の遺伝子が別の生物に移動させられただけで、「合成生物学」の真の目的である生産物が新しいものを目指していたからではない。ある意味、この研究は解析的でもなければ合成的でもなく、純粋に技術的だっただけである（この定義を卑下しているわけではない。これらのプロジェクトは非常に難しく重要だっただろう）。一方で、普段一緒に機能することのない遺伝子が組み合わされて、新しい代謝経路をつくるようであれば、その結果は進化したシステムからはかなりかけ離れたものとなり、ほとんどの判定人が「合成的だ」とみなすだろう。同様に、計算理論の実行、メモリー保持、発振回路、化学物質の存在や生物学的危機に対する警告発令というような新機能を生み出すためには、生物のなかに自然に存在する少量の遺伝的要素を再配列すれば、普通の生物学から離れて合成的な立場であるとみなされるのである。

生物学への工学概念の応用

現代の合成生物学の主要な（しかし普遍的ではない）思想の学派は、「モジュール性」、「標準化」、「分離」、「抽象化」といった特徴をさらにいくつかつけ加えることになるだろう。これらはすべて関連性がある。この四つの特徴は従来の工学から取り入れたものであり、工学分野の例を使って最も簡単に説明ができる。「モジュール性」とは、大規模な構造物は基本的な構成要素を選択し、接続することによって構築されるべきであるという考えである。例としては、単純なモジュール式コンポーネント（抵抗器、コンデンサー、トランジスターなど）を接続してラジオ放送を受信するといった、より高度な機能を実行する回路をつくることが挙げられる。よって「モジュール性」は階層的なものであるといえよう。コンポーネントの集合体でつくられた増幅回路は、それ自体がモジュール（集合部品）として扱われ、ラジオ、ＣＤプレーヤー、留守番電話の設計に含まれることがある。「モジュール性」は「標準化」に依存しているため、設計者はこれから使用するモジュールが当然予測可能で定義済みの特性をもっていると考える。「標準化」は再現性だけでなく、パラメーター測定の標準的な技術、言葉の標準的な意味、接続部品（たとえば、ナットやボルトのネジサイズ）の規格にも拡大することが可能だ。「分離」とは、複雑なプロジェクトはそれぞれ独立して取り組める一連のサブ・プロジェクトに分割できるという考えである。たとえば、新しいラジオの組み立ては、設計、部品の構築、回路部品の組み立て、外箱の構築などに分割することができ、関係者はその部分の専門家でありさえすればよい。「抽象化」とは、システムは細部にわたるまで説明できて、あるレベルでは細かいことは無視できるが、より高いレベルで作業している人はそのシステムを複雑で仕組みがわからない「ブラックボックス」として扱わなければならないとする考え方である。ラジオを例にとると、部品の組み立て担当者はコンデンサーの細部に気を配らなければならない。チューニングモジュールの設計者はコンデンサーの性能を既存のものとして受け止めればよいが、そのコンデンサーとほかの部品がどのようにつながっているかに注意しなくてはならない。ラジオのオペレーターは、これらをすでにできあがっているものとして受け入れ、フロントパネルのボタンとノブのことだけを知っていればよい。「分離」のように「抽象化」においては、複雑なことすべてにおいて専門家である必要はないので、ほかのことからは解放される。したがって設計担当者は細部に煩わされずに、ハイレベルな設計に集中することができる。大切なことは「抽象化」の階層化においては、たとえばコンデンサーに新しい素材が導入されるなどの変更は、上位者の影響を受けずに、その階層内で発生する可能性があるということだ。これが実際にどの程度真実であるかは、コンポーネントを検証するために取られた測定値が、そのコンポーネントに関連するすべての特性をどれだけうまく反映しているかに左右される。

　１９９０年代中頃から、さまざまな目的に応じて多種多様な方法で関連づけできるＤＮＡモジュールライブラリー構築の提案がなされ、いくつかのパイロット研究が行われてきた。２００３年、合成生物学用の標準部品のライブラリーをもつという目標に向けて大きな実践的な一歩を踏み出したのは、トム・ナイトとドリュー・エンディであった。彼らはＤＮＡパーツ、デバイス、システムのオンラインカタログサイト「Registry《レジストリー》 of《オブ》 Standard《スタンダード》 Biological《バイオロジカル》 Parts《パーツ》（標準的な生物学的部品の登録）」を立ち上げ、その構築と使用を奨励するために学生のための国際的なコンペティションを計画した。ライブラリーの要素は、特定の組み立て方法と互換性があるように設計されており、ｍＲＮＡへの転写をコントロールするＤＮＡ配列、確実にＤＮＡの複製を行うＤＮＡ配列、組み立ての柔軟性を可能にするアダプターＤＮＡ配列などの遺伝子が含まれている。それ自体がモジュール式組み立て部品となっている遺伝子もあり、設計者は結果として得られるタンパク質にさまざまな安定性を与えるために、ほかとは違ったサブユニットを選択することも可能だ。本稿執筆時点で登録されている部品は約２万点あり、そのほとんどが細菌用ではあるがほかの生物用のものもある。完全にオープンアクセスなので、どの大学の研究室からでも実際の部品を取り寄せることができる。

この部品ライブラリーを使用する熱狂的なファンが自作の「抽象化」を設計し命名する際には、アプローチの「工学的」性質の面を強調し、通常の生物学からは距離を置く用語を選択してきた。明確な例としては、宿主生物を説明するために「Chassis《シャシー》（外枠）」という言葉を用いることが挙げられる。プリント基板が開発される前の電子工学の黎明期には、蓄音機、ラジオ受信機、テレビなどは、一般的には不活性金属製の箱や板で中心につくられていたが、「シャシー」にはソケットが取りつけられており、そのソケットには機器の機能を果たす熱電弁やそのほかの部品が搭載されていた。合成生物学的デバイスが挿入される宿主細胞を「シャシー」と呼ぶことで、技術者は宿主を機器の外枠と同じように不活性で無視可能なものとみなせる。この前提には、控えめにいっても疑問の余地がある。たとえ最も単純な細菌であっても、そのなかに配置される合成生物学的デバイスよりもはるかに複雑である。細胞は、おそらく導入される合成生物学的デバイスがもたらすであろう熱量や、原料物質の需要の変化に生理的に反応するように進化してきた。また同時にウイルスのような侵入遺伝子と戦うためにも進化してきたのである。生物学について私たちがまだ多くのことを知らないため、合成生物学的デバイスでつくられたタンパク質が、宿主細胞の構成要素と予想外の方法で直接相互作用しないことを事前確認するのは不可能なことである。このような前提条件の簡略化がうまくいったプロジェクトもあれば、失敗に終わったプロジェクトもある。本書で後にケーススタディとして使用する成功したプロジェクトの多くは、ライブラリーから標準部品を選択するというアプローチで構築されたものではない。また、そうであった場合でも再設計と最適化には多くの苦労が伴ったのは非常に興味深い。いずれにせよ、工学に由来するアプローチやメタファーの価値などについては、後の章で再検討する。合成生物学は、多くの分野の影響を受けがちな日の浅い科学であり（図6）、どのアプローチが最終的に勝利を収めるかを決めるのはまだ時期尚早である。

生物学的概念の工学への応用

合成生物学事業と、そこに至るまでの学際的科学がもたらした興味深い効果の一つは、

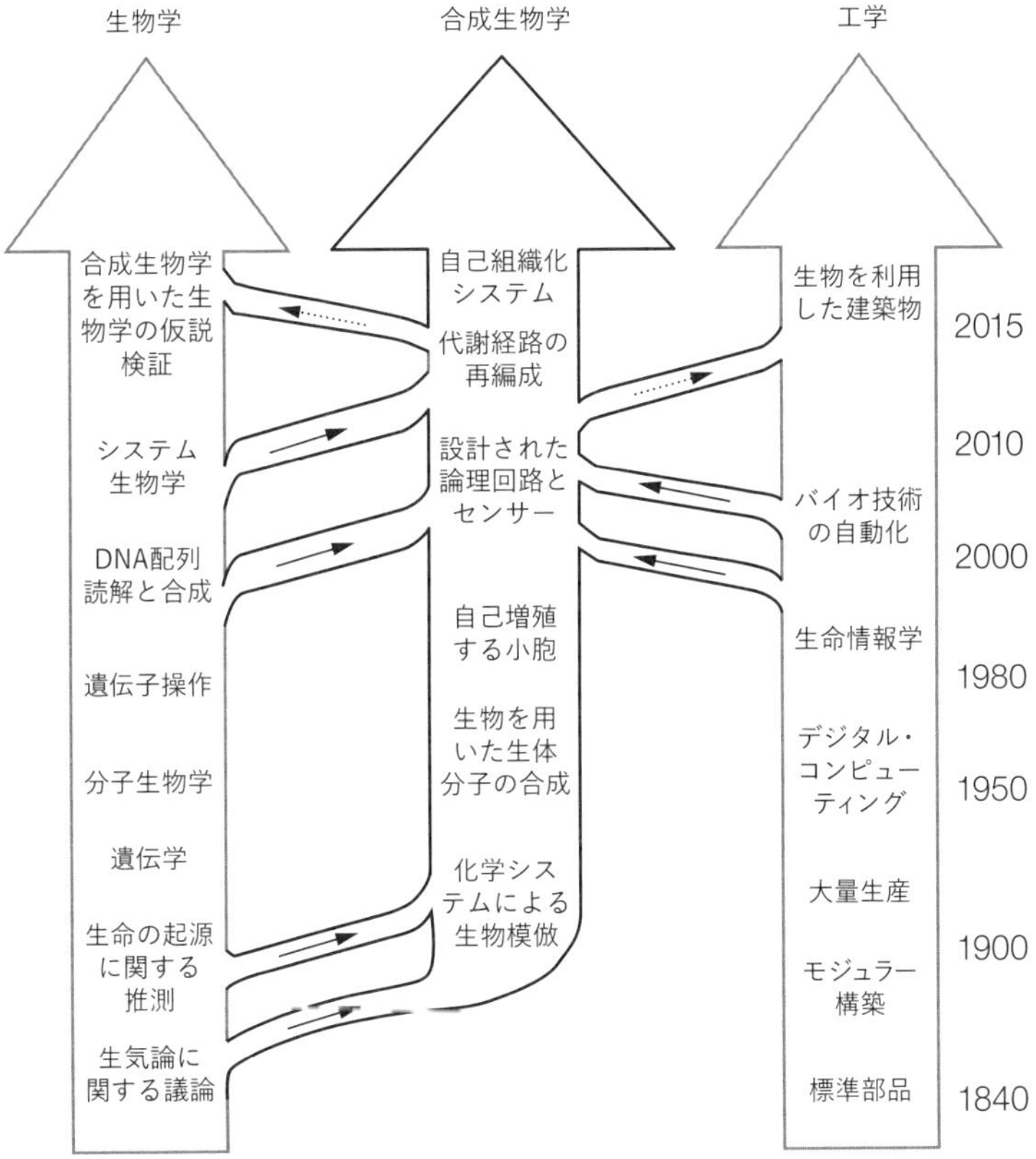

図6　矢印は、合成生物学の発展のおおよその時系列を示しており、伝統的な生物学と伝統的な工学からの主な影響と、その逆方向である二つの学問への貢献を示している。

生物学者と技術者が一堂に会し、それぞれが相手の学問分野に触れる機会を得られたことだ。技術者は、傲慢さや謙虚さに程度の差こそあれ、生物学者に彼らがいうところの「工学的」な働き方の優位性を印象づけようとしてきた。生物学者たちもまた、技術者たちに「生物学的」な構築、維持、進化などの方法を印象づけようとしてきた。互いの交流がたまたまうまくいったところでは、従来はシリコン、石、鉄など、確実に無機物の世界に属していた問題に生体システムを適用しようとする、非常に興味深いプロジェクトが生まれている。分子レベルの例もあれば、暗号化された物質を運ぶためにDNAの分子を使用したり、暗号解読などの分野で超並列計算タスクを実行するためにDNAを使用したりする例もある。ほかにも、より大きなスケールで作動したり、環境に適応した建築物をつくったりする仕事や、損傷後に自然治癒する働きなどに関するプロジェクトもある。

合成生物学が工学に与える影響が大きいのか、あるいは数少ない概念実証研究のレベルにとどまるのかを判断するのはこれまた時期が早い。実際、合成生物学がどの分野でどのような影響力をもつのか、自信をもって予測するにはまだまだ時間がかかる。本書の第3〜第7章では、合成生物学的思考がさまざまな世界的課題に応用された初期のケーススタディを紹介する。また、科学と設計商業的あるいは人道的使用の間にある問題についても検討する。一方、最後の第8章ではこの合成生物学に対する現在の政治的、芸術的、文化的な反応について考察する。興味をもってくれた読者が、たとえ一時的なものであっても、本書を通して正しい情報に基づいた自身の見解にたどり着けることを願っている。

2

合成生物学の現場

生命の言語を読み書きする

少なくとも既存の細胞の改変を行うような合成生物学は、遺伝子のDNA配列を読み書きする技術に依存している。遺伝子は分裂した細胞に受け継がれるものなので一度だけ改変すればよく、ほとんどの場合改変は遺伝子レベルで行われる。これにより、確実性の低い遺伝子組み換え技術も格段に向上する。100万個の細胞のたった1個でも正確に改変すればその細胞だけが生き残る。失敗した細胞はずっと死んだままにしておける環境をつくれる限り、改変された細胞だけが増殖して培養皿を満たすことになる。

DNAの配列決定が重要な理由は主に二つある。一つはDNAの細胞にもとからある遺伝子やその制御領域を解析するため。もう一つは書き込んだDNAの正しさを検証するためである。DNA読解の最も一般的な方法は、1977年にフレデリック・サンガーの研究室で発明された「チェーン・ターミネーション」と呼ばれるものだ。この方法では、DNAポリメラーゼという酵素を使用する。この酵素は一本鎖DNAに直面すると、そのDNAに対する補完的なDNA鎖をつくる。DNAポリメラーゼは、完全な一本鎖DNAを標的に機能し始めることはできないが、すでに二本鎖構造になっている部分からは複製するために動くことができる。コピー反応を開始するために実験者は、「プライマー」と呼ばれる読みとるべき一本鎖ＤＮＡの一部に相補的な対になる短い一本鎖ＤＮＡを提供する。「プライマー」は結合して短い二本鎖部分をつくり、ＤＮＡポリメラーゼがそれを伸ばしていく（図７）。「プライマー」の必要性は、研究者が読解前に配列の少なくとも一部を知っていなければならないという矛盾した状態をつくりだすように思われるかもしれない。しかし実際には、既知の配列をもつＤＮＡ

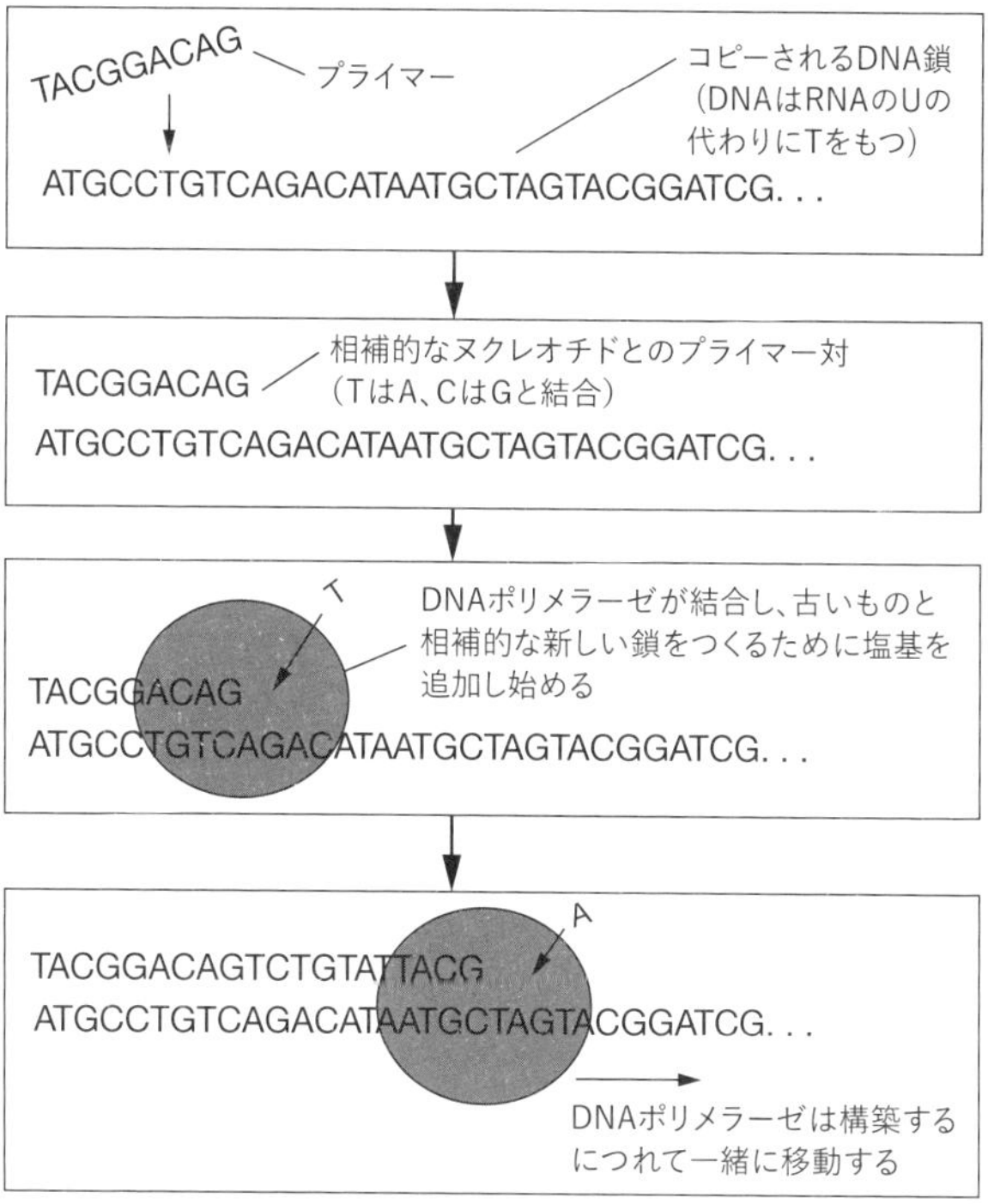

図7　プライマーは、DNAポリメラーゼが既存のDNA鎖に相補的な新しいDNA鎖をつくれる状態にする。

の断片と、未知の配列をもつDNA断片の末端を結合させるにはさまざまな技術を利用できるので、既知の配列と対になるプライマーを設計することは可能なのである（図8）。

既存の一本鎖DNAから相補的な一本鎖DNAをつくれることは、多くの点で有用だ。たとえば、新しく形成された一対の鎖を分離して、先に述べたようなプロセスを何度も繰り返せば、研究者はPCR（ポリメラーゼ連鎖反応）と呼ばれるプロセスで、1本のDNAから何百万ものコピーをつくることができる。これについては、本書でも後述する。しかし、ただコピーするだけではもとの配列については何もわからない。DNA配列読解（シークエンシング）

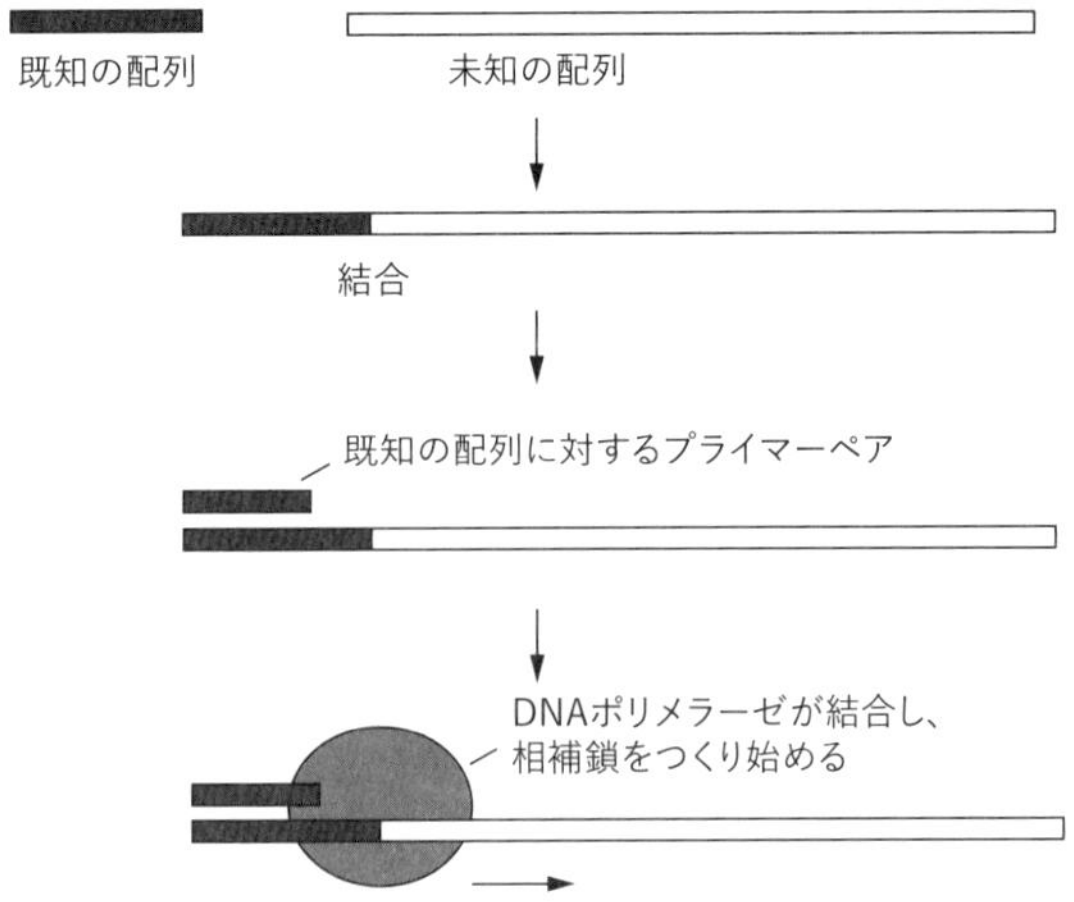

図8　未知の配列は、プライマーが利用可能な既知の配列をもつDNAの断片と結合させることで読みとることができる。この図では、箱はDNAの一本鎖を表している。

のためには、次の二つの点について改変された微量の塩基ユニットを用いて、反応を意図的に改変する必要がある。一つは、色素（A、T、G、Cの各文字にはそれぞれ色がある）が含まれていること。もう一つは、次のヌクレオチドを鎖に追加するために必要な化学結合が欠落していることである。これらの条件のおかげで、反応が進むにつれてすべての工程で天然の塩基の代わりに、特別な「dye-terminators《ダイ・ターミネーター》（色つき停止要素）」の一つが組み込まれる可能性がある。ダイ・ターミネーターは必要以上の伸長を阻害し、最後にコピーされた塩基に合わせて、停止した鎖にその塩基固有の色をつける（58ページ図9）。

その結果、長さや色の異なる鎖の混合物が得られる。これらを分離分析装置にかけると、分子が大きさの順に姿を現す。長さの異なる断片が1本ずつ出てくると、最終的に色検出器が色の配列を記録する。この色の配列が、新しい鎖の塩基配列をそのまま反映しているので、そこからもとの鎖の配列を決定することができるのである。

現在では、シークエンシングに関するすべてのプロセスは高度に自動化されており、1台の機械で何百もの反応を並行して実行することができ、何百万もの反応を実行するシステムもある。ランダム誤差が問題とならないDNA配列決定時間には限界があるため、この自動システムは非常に便利である。配列を決定する前には、通常長いDNAの断片を短く切断するのだ。今では読み取った何千もの短い配列を検査して重複を特定し、その短い配列のすべてを生成できる、唯一の長い配列を見つけだすコンピューターアルゴリズムが開発されている。

ＤＮＡ配列を書き込むには、大きく二つの方法がある。一つは、ＤＮＡ合成によって目的のＤＮＡ全体を新しくする方法。もう一つは、宿主生物から天然または以前に改変されたＤＮＡの有用な断片を切りだし、それらを結合させる方法である。この結合には、自然界では得られない配列を提供するために、まったく新規に合成されたＤＮＡの短い断片を使用することが多い。通常はＤＮＡ合成の必要性があり、ゼロからＤＮＡを構築するのは生物学的というよりも化学的なプロセスである。生体酵素を使わずに天然の

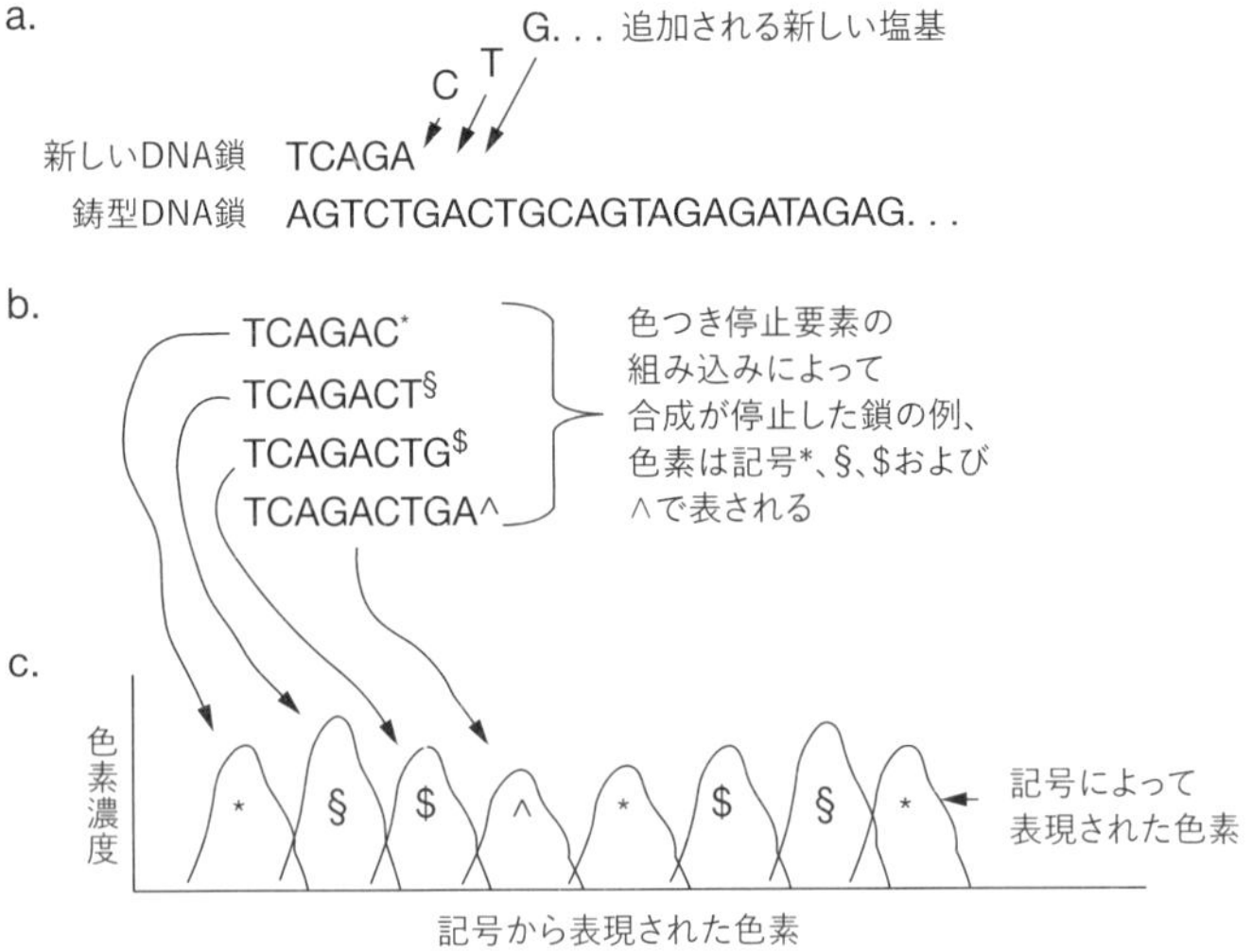

図9　サンガー塩基配列決定は、相補的な鎖の産生中に鎖末端に色素と結合した停止用の塩基を低確率で組み込むことによって行われる。

ヌクレオチドを結合させるのは難しいため、最も一般的に使用されている化学的プロセスは、ヌクレオチドが結合する部位にあるホスホロアミダイトと呼ばれる反応性構造をもつ、改変されたヌクレオチドから始まる。ヌクレオチド同士を連結する際の化学反応は、ヌクレオチドが新たに連結する場合でなく、意図せず最初と最後のヌクレオチドが自己連結する危険性を伴う。こうしたことから、改変されたヌクレオチドも反応する可能性のある場所を保護する化学的な「キャップ」[*10]を含んでおり、その場所が反応しないようにされている。これらの保護構造は、DNA合成が終了すると酸にさらされるなどして除去され、最終的には正常なDNAが残ることとなる。

DNA合成の実際のプロセス（61ページ図10）は、まず一つのヌクレオチドを物理的表面に付着させるところから始まり、その鎖は４段階のサイクルでヌクレオチドからヌクレオチドへと伸びていく。A－G－A－T配列をつくると仮定しよう。まず、Aはすでに土台上にあり、次のヌクレオチドに接続するために利用可能な露出した「末端（ヒドロキシ基）」をもっている（61ページ図10ａ）。サイクル１のステップ１では、合成装置は、触媒にさらされることによって「活性化」したいくつかのG－ホスホロアミダイトを反応チャン

＊10　キャップ（フタ）のように化学反応から守る保護基のこと。

バーに追加する。G－ホスホロアミダイトは、A上の露出したリン酸塩と即座に反応し、その結果特異で不自然な連結で接続された短鎖A－Gをつくるために添加される（図10b）。入ってきたG－ホスホロアミダイトは、「スタッター（重複）反応」や、余分なGを追加するなどのリスクを回避するため保護基によって保護されている。そのため、それ自体が遊離ヒドロキシ基をもっていない。ステップ2では、これ以上塩基を加えることができないように任意の未反応のヒドロキシ基に「キャップ」をするため、化学プロセスが使用される。ステップ3では、まだ側鎖が残ってはいるが、酸化ステップによって塩基間の新しい連結はより自然になり、鎖はより安定する。ステップ4では、新たに追加されたGの保護基が除去されてヒドロキシ基が露出し、新しいヌクレオチドを追加するために利用可能になる（図10c）。サイクル2は同じように動作するが、A－ホスホロアミダイトを使用し鎖を拡張してA－G－Aとなる。サイクル3ではT－ホスホロアミダイトを使用してA－G－A－Tを生成する。プロセスの最後に、DNA鎖は基質から解放された後、化学的な処理により保護基やキャッピング基が除去され、天然のDNAに見られるリン酸ジエステル結合になるように側鎖としてついていた結合を外す。鎖はその後、正しい長さのものだけを選択するように精製される。このとき、潜在的な付加ステップを逃したり、いずれかのサイクルのステップ2でキャッピングされて小さいままだったものは廃棄されたりする。ＤＮＡの二本鎖が必要な場合は、両方の鎖を合成して混合するか、または短いプライマーを合成し、それを1本の長い鎖と混合して55ページ図7のように欠落した鎖の残りの部分をつくるためにＤＮＡポリメラーゼを使用するかの、いずれかを行うことで二本鎖ＤＮＡをつくることができる。

　ここで述べたＤＮＡ合成プロセスは迅速に行われるが、多くの反応を並行して行うことができるように現在ではこれらのプロセスが機械化されている。数十万も合成することができるアプリケーションもあるが、完璧なものではない。各ステップでの誤差の確率が小さいというだけで、確実に合成できるＤＮＡ断片の長さには限界がある。この限界は現在のところ１０００ヌク

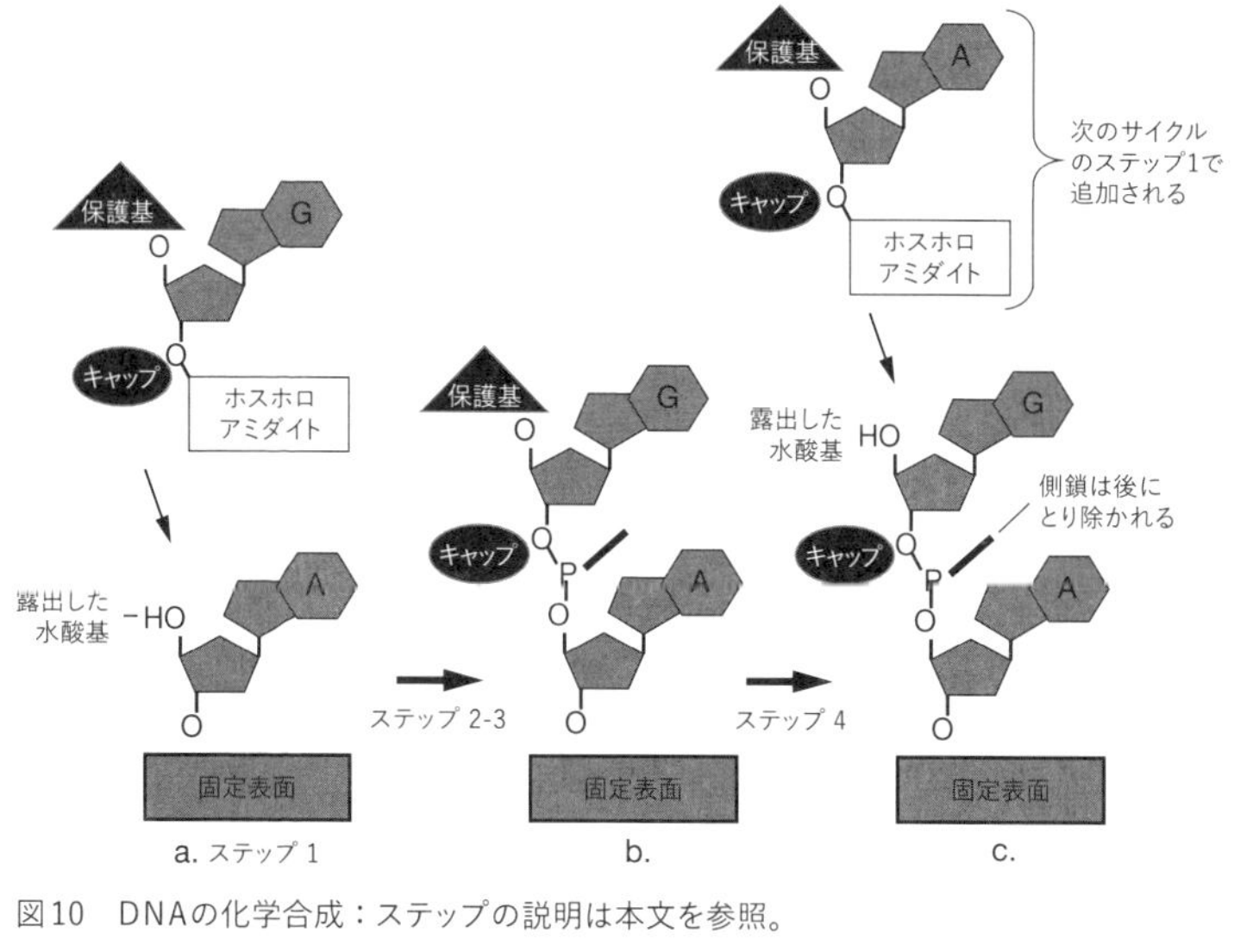

図10　DNAの化学合成：ステップの説明は本文を参照。

レオチドで、300ヌクレオチドの短い遺伝子の合成が経済的には最適である。したがって、長い多遺伝子モジュールは、短い断片をつなぎ合わせてつくられていることがわかる。これには多くの方法があるが、最も一般的な方法の一つは、発明者のダン・ギブソンにちなんで名づけられたギブソン・アセンブリーである。

ほとんどすべてのDNA操作方法に共通しているが、ギブソン・アセンブリーは、相補的な配列をもつ、対になっていない2本のDNA鎖が対になろうとする能力に依存している。短いDNAを合成してより大きなDNAをつくりたいと考えているときは、互いが完全に重なる配列をつくるのではなく、ある程度の重なりをもたせて、一方の最後の30個のヌクレオチドがもう一方の最初の30個のヌクレオチド（30は平均値であり、厳密なルールではない）と同じになるように配置する（図11）。モジュール内のヌクレオチドの配列は、通常長い繰り返し構造を

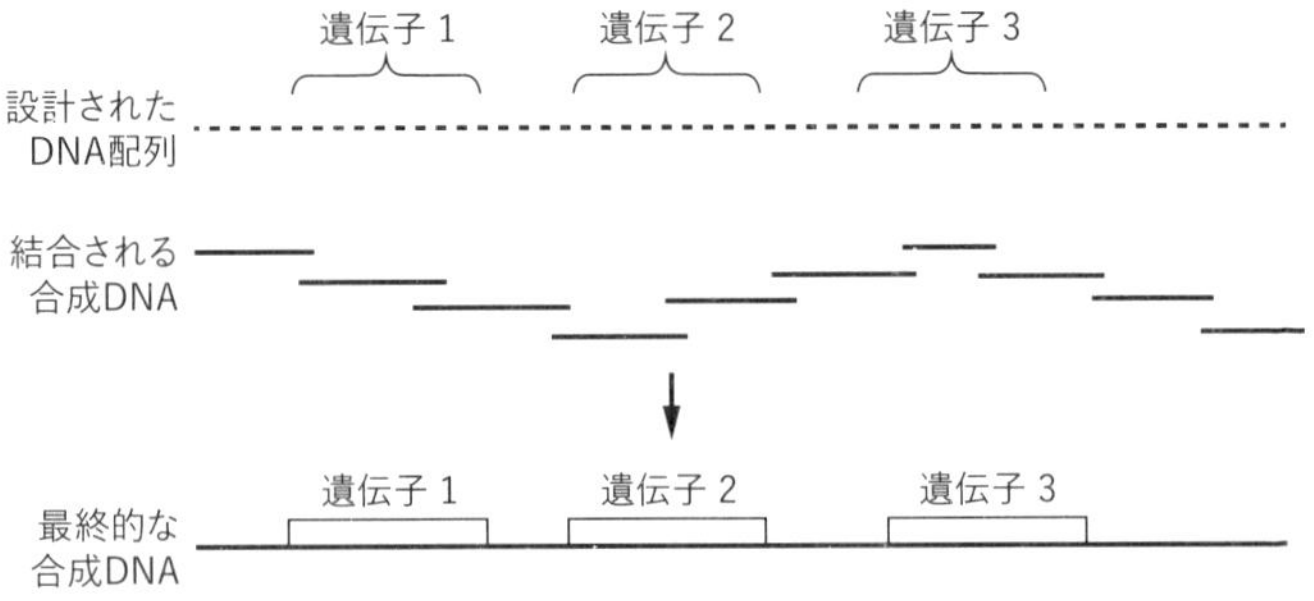

図11　ギブソン・アセンブリー（図12）によって結合される、重複する端をもつ一連の短い部分を設計することにより、DNAの長い部分を構築する。

もたないので、断片１と断片２の間の重複配列は、断片２と断片３の間の重複配列とはまったく異なるものとなる。

　接合する二本鎖ＤＮＡの断片を混合し、二本鎖ＤＮＡの各末端の一本鎖だけを、数個の塩基を非対称的に刈りとる性質をもつ酵素で処理することで「粘着性のある末端」、つまり相補的な配列と結合できる一本鎖の突起が残る（図12）。

　すべてが適切に設計されていれば、断片１の右側の粘着末端と対になれる相補的な配列は断片２の左側の粘着性末端だけになり、その結果、断片２の左側の粘着性末

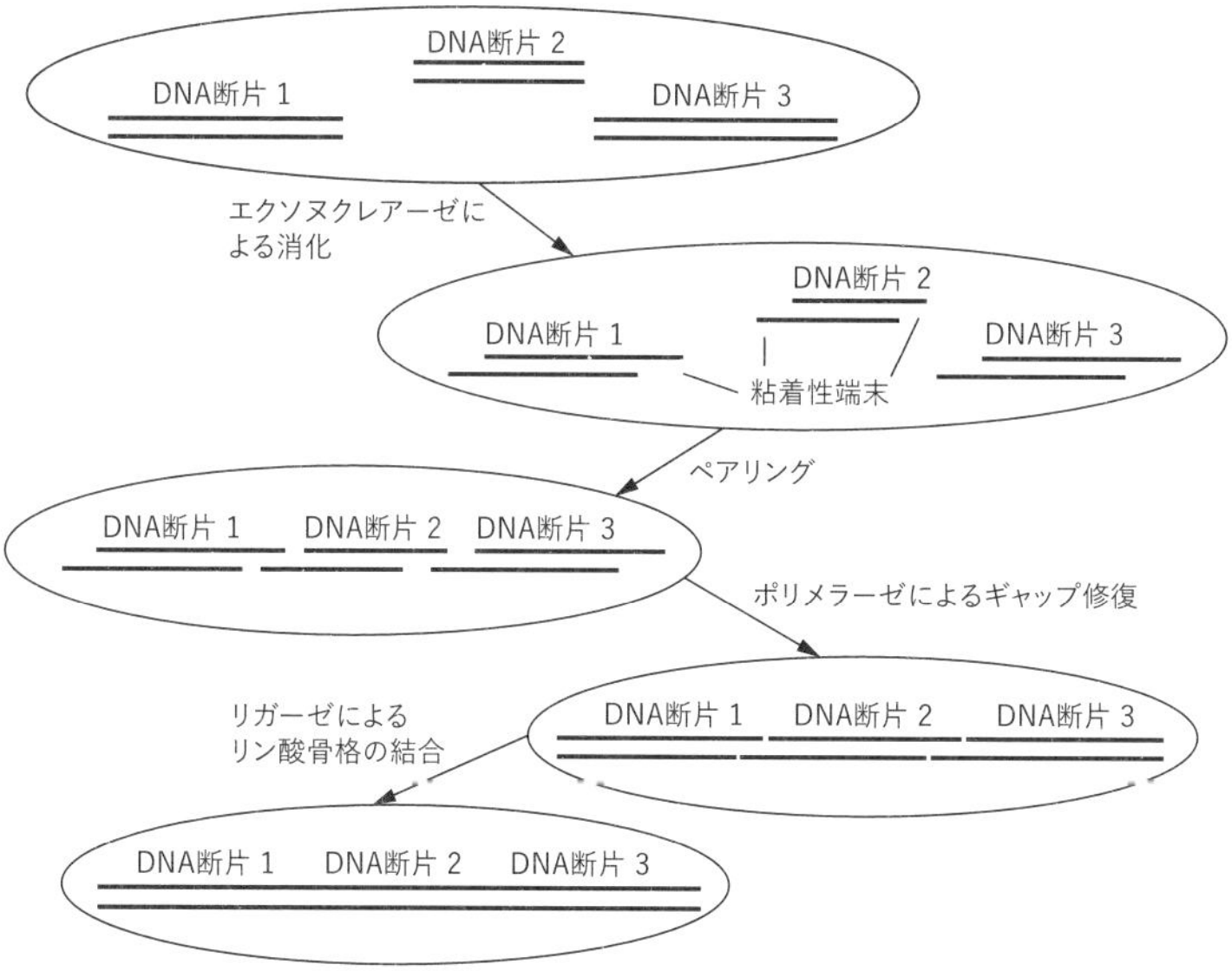

図12　ギブソン・アセンブリーは、1本の鎖の短い長さを噛み砕いて「粘着性のある末端」を生成し、それが一緒にくっついて完全な鎖を生成することによって動作する。線は一本鎖DNAを表すと示している。

端が対になる。ペアリング（pairing）[*11]が完了すると、その結果ヌクレオチドのペアリングによって一緒に保持された正しく配列されたDNA鎖となり、主鎖には刈りとりがいきすぎた場所で対塩基のないギャップがいくつか見られることになる。DNAポリメラーゼは無傷の鎖の情報を利用してこれらのギャップを埋め、第三の酵素であるDNAリガーゼがDNAの主鎖を修復して、正常な無傷の二本鎖DNAを生成する。実際には、これらの反応が常に完璧に行われるわけではなく、モジュールはそれを確認するために配列される。エラーはDNA編集のためのさまざまな技術によって修復されるが、その一例が後述する反応である。

モジュールを設計する

DNAを読み書きする方法は、合成生物学を可能にする重要な技術であり、それはちょうど読書や印刷が知識を本という形で、図書館に保存するための重要な手段であるのと似ている。いずれの場合も、技術自体が何を書くべきかを決定するという創造的な作業の役に立つわけではない。遺伝システムをつくるための方法は、二つの両極の間に横たわる連続体の上にある。一つは自然進化に象徴されるもので、繰り返し行われる無作為な改変とそれに続く選択によって進む。そしてもう一つは、すべての要素を第一原理から合理的に設計すること[*12]に頼っている。この両端の間には、多くの複合的な取り組み方がある。一般的に、遺伝システムの各要素は「工学的サイクル」を経ている（図13）。遺伝システムは一度構築されれば、宿主細胞が再生されるときに簡単に複製できることを考えると、コストのほとんどは最終的な製品よりも設計とテストの段階にかかっている。

工学のほかの分野と同様に、設計のプロセスは明確な目的を設定し、それを念頭に置いて何をもって成功とするか、完成したデバイスが満たすべき仕様はどんなものかについて、意見の一致を見ることから始まる。設計の次の段階では通常、各モジュール

*11　アニーリング・加熱して二本鎖から一本鎖へ分離させたDNAを冷やして相補鎖を対合させる処理のこと。
*12　実験データや経験パラメーターを使わないで理論計算する方法。

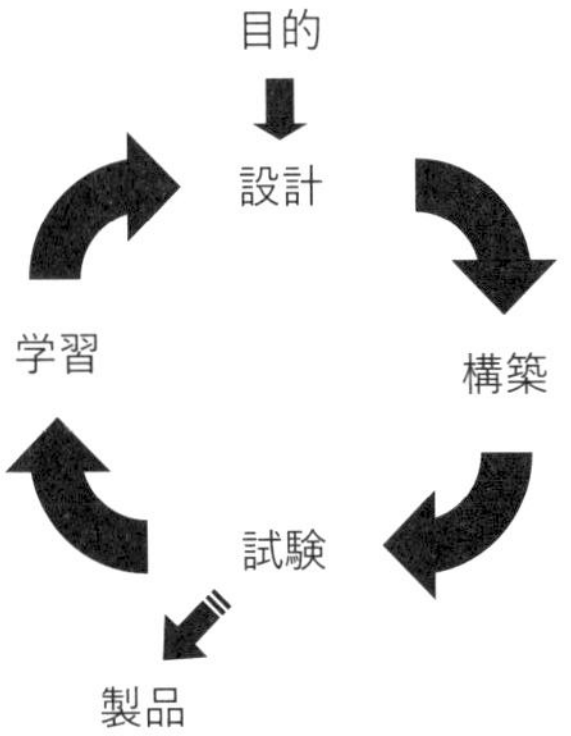

図13　合成生物学を含む多くの工学分野に共通する工学的サイクル。

の内部詳細は後回しにして、接続されたモジュールのセットで仕様を満たすメカニズムを想像することに焦点を当てている。このレベルでの設計は、電子工学の技術者がアンプやフィルターなどの高レベルモジュールで回路をスケッチしたり、コンピュータープログラマーがフローチャートや疑似コードでアイデアをまとめたりするのと似ている。こうすることで、できる限り多くのデザインをスケッチして比較できるため、細かい部分に多くの時間を割く必要がなくなる。ライバルデザインの比較には、コンピューターシミュレーションを使用することができるが、それは生物学的な構築よりもはるかに高速で、シミュレーションの出力は、デバイスのモデルが期待通りに動作するようになるまでデザインを修正したり、シミュレーションを再度実行するためのガイドとして使用したりできる。コンピューターモデリングの特に価値のある機能の一つは、酵素の有効性や遺伝子の活性化にかかる時間の遅れなどの要因について、設計者が数値を微妙に変えながらシステムをシミュレーションできることだ。こうすれば、パラメーターの変動に対して設計がどの程度の耐性をもっているかを知ることができる。一般的には大きな変動に耐えられる設計が有用であり、すべてにおいて非常に厳しい限界内でしか機能しない設計は回避される。

チームが使えそうな設計に到達すると、モジュールの内部構造が設計される。設計段階では、最初の抽象度に沿って各モジュールをサブモジュールに分割し、最終的なＤＮＡ配列のレベルに到達するまでこのサイクルを数回繰り返す（図14）。このような設計への取り組み方は決して合成生物学に特有のものではないが、いったん仕様に合致すれば原則として、各モジュールの内部構造は違った場所にいるいろいろな人が個別に作業できる。しかし、実際にはそうとばかりは言えない。たとえばDNAを設計する際には、デバイスの複数の場所に同じ長いヌクレオチドの配列が現れるのを避けるのが一般的には賢明だ。なぜならそれが、宿主細胞がデバイスを変更、または破壊する「組み換え」と呼ばれるゲノム編集プロセスを実行することを促す可能性があるからだ。したがって、ある段階ではモジュールの内部の詳細をチームで一緒に検討する必要がある。

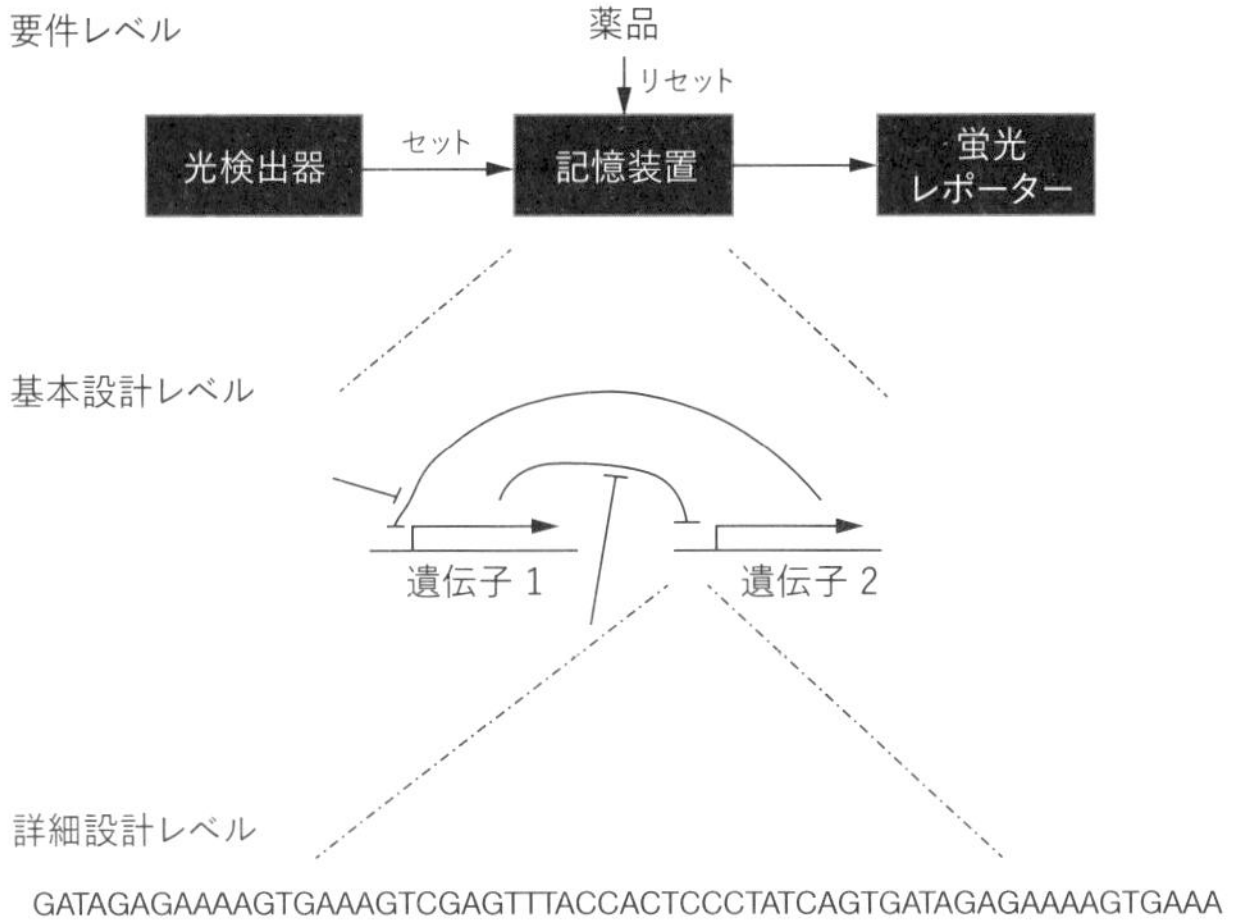

図14　抽象度の異なるレベルでのデザイン：要件レベルには内部の詳細がない「ブラックボックス」があり、図の下にいくほど詳細が追加されていく。

モジュールライブラリーを利用する

モジュールがあるデバイス用に設計され、構築されてテストされれば、原理的にはほかのデバイスにも有用と言えるだろう。この考え方は工学にも共通する。同じアンプモジュールが多くの一般消費者向け機器に使われ、同じグラフ描画ライブラリーが多くのソフトウェアプロジェクトに使われている。同じガソリンエンジンはさまざまな芝刈り機、ポンプ、チェーンソーに使われている。そのため、コミュニティを意識する合成生物学者たちは、Registry《レジストリ》 of《オブ》 Library《ライブラリー》 (http://parts.igem.org/Main_Page) のようなライブラリーに自分たちのモジュールを自由に投稿している。合成生物学者ならだれでもライブラリーを注文することでモジュールを使用することができるのだ。また、モジュールを改変することもできるので、その改変したモジュールを別の寄贈物としてライブラリーに送り返すこともできる。

自由に利用できるモジュールライブラリーの存在は、設計に影響を与える。なぜなら、時間と開発費の面から見ると、すぐに利用できる既存のモジュールを使用して、新しく設計するのはそのモジュールに接続する部品や新機能を実行する部品に限定したほうがよい場合があるからだ。どのモジュールを使用すれば本当に時間を節約できるのかは、既存のモジュールの特性がどの程度知られているか、また宿主細胞のタイプや環境要因に対してどの程度敏感であるかにもよる。合成生物学のコミュニティのなかには、最初は測定とテストのための標準を提案し、最終的には特定の名称に値するモジュールの最低限の仕様標準を提案することで、この問題に取り組み始めたグループがある。これに携わった研究者たちは、残念ながら想像できる条件をすべて網羅することはまだできていない。しかし、少数ではあるが非常に慎重に特性化されたモジュールを構築している。

さまざまな状況のなかで、個々の部品が十分予測可能な動作を確保する重要性についてよく言われる主張の一つは、部品が不出来な場合、アセンブリー全体の精度はその部品の精度と同程度にしかならないというものだ。しかしながら、このもっともらしく聞こえる主張は間違っている。優れた工学の手法では、プロセスの出力の測定値がプロセス自体を制御するためにフィードバックされるクローズドループ制御[*13]を使用しており、フィードバックのおかげで、低精度の部品でも高精度のシステムを構築できる。ほとんどの電子工学の学生エンジニアが学ぶ最初の教訓の一つだ。たとえば、10の既知の利得をもつアンプをつくるためには基本的な方法が二つある。一つはフィードバックを使用せず、細部にわたっ

＊13　閉ループ制御ともいい、システムの出力を入力にフィードバックして、入力値と出力値を常に一致させるように全体の操作量を調整する制御。

て既知の特性をもつトランジスターを使用する方法で、これは高くつく。もう一つは、出力のサンプルを回路にフィードバックするとトランジスターが入力信号のわずかな量を検知し、出力を10倍にするように設計するものである。この仕様の回路では大きな誤差は出るが、安価なトランジスターを使用できる。このような回路のなかで、予測可能な必要がある部品は、フィードバックループ自体に関与しているごく少数の部品だけである。ここでも技術者が理想と現実の間の差を最終的に補正できるように、調整可能な部品を一つつけ加えるのが一般的である。合成生物学の場合も電子工学と同様である。効率的に設計されたクローズドループ制御によって、部品レベルでの可変性能に対するシステム全体の[*14]頑《がん》健性《けんせい》は大きく高まる。

以上のことを念頭に置いたうえで、生物学的合成プロジェクトで標準部品のライブラリーを使用する際のメリットとデメリットのバランスは、全体的な目的に大きく左右される。学生プロジェクトに特徴的な短期プロジェクトでは、ライブラリーは非常に便利だ。ライブラリーのおかげで、十分に機能するデバイスを迅速に設計して組み立てることができる。現実世界での応用を想定して、可能な限り最高のデバイスをつくることを目的とした長期的な大規模プロジェクトの場合には、詳細に設定した目的に合わせてすべてを設計し、実際に既存のモジュールが正確に機能した場合に限り、そのモジュールを組み込むことに時間を費やすほうがはるかによいかもしれない。以下の章で紹介する32のプロジェクトのうち、合成生物学的ライブラリーを大々的に利用したのは六つのプロジェクトに過ぎない。「標準的な部品のライブラリーは、合成生物学を利用したビジネスの中心にある」という主張を読むときには、これを心にとどめておかなければならない。

システム構築を適切に行うことは、合理的な設計の考え方を犠牲にすることにもなりかねない。酵素の構造などに関していえば、できる限り最高の酵素をコードする遺伝子を第一原理から設計できるほどまでにはまだ十分理解できていないため、合成生物学者は遺伝子の類似バージョンを大量につくり、そこから最良のものを選ぶのが一般的である。これには非常に手間と時間のかかる連続的な定量試験が必要な場合もあるが、多くの場合は細胞を増殖させるほかのモジュールに合成遺伝子を組み込むとき、その遺伝子によってコードされるタンパク質が機能する分だけ細胞増殖に有利にできるというメリットがある。そうすれば、最良のバージョンをもつ細胞のみが増殖する。そうして選ばれた細胞には、さらなる遺伝子の変異が次々と導入され、わずかでも優れたものがさらに選抜されていく。自然進化を模倣したこの作用は、ばかげた意味での「非合理的」ではないが、知識から製

＊14　環境の変化や多少のパラメーターの変化に対し、システムの振る舞いが影響を受けず安定であること。

品への直線的な流れを前提とした「合理的設計」の考え方からは逸脱している。

合成システムを生細胞に実装する

合成生物学的な構造物ができたら、それを宿主細胞に実装しなければならない。これは多くの場合、その細胞自体のゲノムとは別に、少なくとも一時的にでも細胞内に存在できるDNAの一部に組み込むことによって行われる。どの細胞を選ぶかは、細胞の種類とモジュールの大きさによって異なる。細菌細胞は人為的に導入しなくてもプラスミドを保有している。プラスミドは数千ヌクレオチドの長さの環状のDNAの断片で、宿主細胞によって確実に複製されるために特別な配列を含んでいる。この性質からプラスミドは寄生しているように見えるが、実際の臨床で使用される抗生物質に対する耐性を与えるなど、細菌にとって有用な遺伝子をもっている場合も多い。プラスミドは、数千ヌクレオチドの人工DNAを運ぶことができるが、これには実験室で使用する抗生物質への耐性をコードする遺伝子が含まれている。通常、少なくとも数個の細菌細胞がプラスミドを取り込めるように、壁や膜に穴をあけた細菌細胞をプラスミドの溶液に浸す。このやや手荒なプロセスを経て、プラスミドは細菌細胞のなかに取り込まれる。こうしてできた細胞が、抗生物質がのちに使用されたときに生き残れる唯一のものになる。

プラスミドにとって大きすぎるモジュールは、細菌を捕食するウイルス、バクテリオファージの中に入れられ、この場合は合成DNAは大部分のバクテリオファージDNAに取って代わる。その結果、バクテリオファージは細菌に感染し、そのゲノムを細胞内に堆積させることができるが、その後普通のウイルスのライフスタイルを続けることはできない。さらに大きいのはBAC（細菌人工染色体）で、数十万ヌクレオチドでできた合成モジュールを運べることだ。これは、詳細につくり込まれたデバイスにも十分な大きさである。

酵母細胞は、小さなプラスミドやYAC（酵母人工染色体）を保有できる。通常の染色体同様、YACは環状ではなく直線状で、酵母細胞が分裂したときには通常の染色体のように複製したり移動したりできる配列を含んでいる。YACは約100万ヌクレオチドのDNAを運べる。これは一般的に、現代の合成生物学的デバイスに必要な量よりもはるかに多いが、後述するYeast2.0のような主要プロジェクトには有用である。また、HAC（ヒト人工染色体）を含むMAC（哺乳類人工染色体）もある。ホストゲノムとは別に合成デバイスを運ぶためにMACやHACを使用することは、特に哺乳類の細胞では比較的めずらしい。人工染色体は困ったことにサイズが大きいのだ。より一般的には、モジュールはそれが宿主ゲノム自体の一部になることを狙って、細菌のプラスミドまたは複製不能な哺乳類ルスのゲノムに挿入され、哺乳類細胞に導入される。

遺伝物質を一時的な運び手（ベクター）からゲノムに移動させる方法はいくつかあるが、最も強力な方法の一つはCRISPR《クリスパー》による遺伝子編集である。CRISPRは、細菌を捕食するウイルスであるバクテリオファージに対して、特定の細菌が使用する防御システムに基づいている。このような細菌はその染色体上に遺伝子群を保持しており、それぞれがある特定のバクテリアファージのDNA配列の一部と一致する。これらの遺伝子が転写されると、DNAを切断する核酸分解酵素と結合するgRNA（ガイドRNA）の断片が生成される。[*15]もしもgRNAが適合するDNAと結合した場合、たとえばバクテリオファージに侵入すると、Cas9《キャスナイン》酵素が活性化されてDNAを切断し、バクテリオファージのゲノムを破壊して不活性化させる。DNAを損傷させるこのような組織を哺乳類の細胞に導入することは有望な技術とは思えないかもしれないが、そうなると宿主細胞がもともともっている損傷したDNAを修復するシステムが力を発揮する。一本鎖切断によって活性化される修復システムの一つは、「テンプレート（鋳型）指示修復」と呼ばれ、切断の両側の領域で切断された鎖と同じ配列をもつ鋳型DNA鎖からの情報を利用して、切断されたヌクレオチド配列を再建する。通常、鋳型DNAは細胞そのものから得られるが、遺伝子編集では実験者が鋳型を提供する。現在一般的に行われている方法の一つ（図15）に従って遺伝子編集を行うには、実験者は自分が合成したモジュールを挿入したい位置をゲノム内で選択し、その部位の天然DNAと同一のヌクレオチド配列の合成モジュールを用意する。その後、Cas9を目的の部位に導くために、Cas9とgRNAをこの合成DNAと一緒に細胞に導入する。すると、Cas9がgRNAを利用して切断した場所が鋳型として供給されたD

＊15　g（ガイド）RNAのこと。Cas9を切断する対象のDNA配列に導く目印の役割をする。

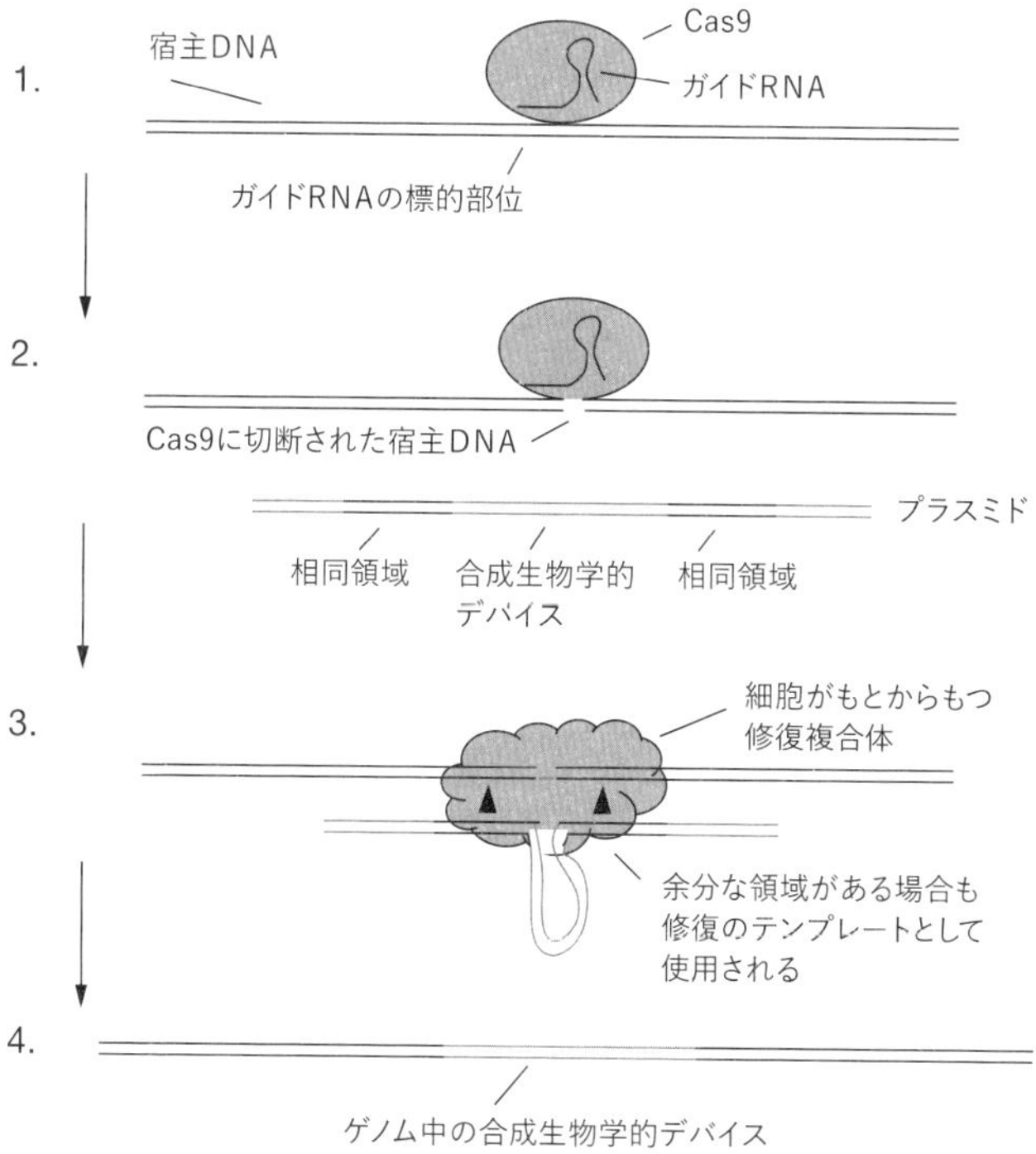

図15　CRISPR遺伝子編集システムを使用して、合成生物学的（synbio）デバイスを宿主哺乳類染色体、たとえば培養中のヒト細胞に挿入する。

ＮＡを使用して修復される。その結果、導入されたＤＮＡがその細胞のゲノムに挿入されるという仕組みだ。75ページ図15に示されている方法は機能するが、ややエラーが発生しやすく、多くの細胞は結局デバイスを組み込まずに終わることもよくある。そのため、成功したものを検出して選択し、失敗したものを破棄するために何らかの手法が必要となってくる。この問題を回避するために、改変された形態のCas9を使用するよりも複雑な方法が開発されているが、それらの背後にある核となるアイデアは変わらない。一般的に実験者は、少ないながらも知られている「安全な着地点」のどこかに自分が合成したモジュールが挿入されることを好む。そこは、ゲノム上の遺伝子を発現する能力の観点からいうと、宿主細胞の通常の活動によって変わりにくい場所である。ここでも、導入されたモジュールを排除したり機能停止したりすることで利益を得る細胞がなくなるように、抗生物質耐性のために何らかの選択が行われることもある。

CRISPR/Cas9による遺伝子編集システムは、合成生物学の三つの重要な特徴の縮図を示している。第一の特徴は、その技術が当初は何の応用にも向けられていなかった基礎研究に大きく依存していることである。CRISPRは、特別な意図もなく細菌ゲノムの研究中に発見され、その数十年後には有用なツールの基礎となった。これは、合成生物学者が使用しているほかのほとんどすべてのものにも同じことが言える。第二の特徴は、手元にあるものは何でも利用して適応させるという「ハッカー」的なメンタリティで、Cas9を使って細胞自身のＤＮＡ修復を共同利用するところに示されている。第三の特徴は、この方法が１００パーセント信用できるわけではないことである。予想外で役に立たないことが起こる可能性があるため、常に機能した細胞だけを慎重に選択し、それ以外の細胞を破棄する必要がある。

クロストークと「直交性《ちょっこう》」

合成生物学の材料は生命の構成要素であり、これが潜在的な問題を生んでいる。進化した生命から借りた遺伝子や制御要素は、もとの役割の一部を保持する。その遺伝子や制御要素をもともともっていた細胞の系列で使用している場合、それらはまだ細胞制御システムと相互作用する可能性が十分にある。合成生物学者は、合成システムともとから存在するシステム間の相互作用の範囲を制限するために懸命に努力しているのだろう。「直交」とは、通常、合成生物学者が、独立と非相互作用を意味する専門用語である。

「直交」にする理由の一つは安全性である。合成システムが実験室外での使用を想定して設計されている場合、その設計者は合成生物的デバイスが目的の宿主のなかだけで機能し、たとえ偶然ほかの生物に移されたとしても、ほかの生物のなかでは生き残れないことを証明する方法を模索中だ。目的の宿主への完全な依存性を確保するための一つの戦略は、合成システムによってコードされたタンパク質をつくるために、不自然なアミノ酸を使用することである。正常な生物は３塩基の遺伝コードをもっており、64通りの配列がある。細胞には61個のｔＲＮＡ[*16]（トランスファーＲＮＡ）があり、それぞれがこれらの配列のうちの一つを厳密に認識して、ribosome《リボソーム》（タンパク質合成複合体）を使ってｔＲＮＡがその３塩基を標的に結合すると、そのアミノ酸がタンパク質の成長中のアミノ酸鎖に付加されるように特定のアミノ酸を運ぶ（28ページ図２を参照）。３塩基コードの可能な組み合わせのうち三つは、対応するｔＲＮＡをもたず「停止信号」として作用し、アミノ酸鎖の生産を終了させる。ある生物のこれらの「停止信号」のうちの一つの役割を編集してほかの「停止信号」になるように編集すると、現在使われていないこの３塩基の「停止コード」は別の目的のために自由に使えるようになる。宿主のゲノムをこれ以前の「停止コード」を認識する新しいｔＲＮＡを生成するように、またはこの新しいｔＲＮＡを通常の生活では使用されない21番目のアミノ酸に結びつける酵素をもつように再設計することも可能である。宿主のタンパク質をコードする遺伝子は、いずれも再設計された３塩基コードを含まないので、宿主細胞の代謝は新しいｔＲＮＡを産生する以外は正常である。合成生物学的デバイスが、そのタンパク質をコードする遺伝子のなかに、再設計された3塩基コードを含むように設計され、そのデバイスをこの特殊な宿主細胞に入れれば、21番目のアミノ酸を含むタンパク質がつくられて機能するようになる。しかし、もしデバイスが同じ種、または異なる種の正常な細胞に入ったとしても不自然なアミノ酸を含む新しいtRNAは存在せず、再設計された3塩基コードは単に「停止」と解釈される。そしてタンパク質はつくられず、デバイスも機能しない。

合成生物学における「直交性」は相対的な用語に過ぎない。合成生物学でも通常の生物学でも、すべての生物学の核となるプロセスは、エネルギー、原材料、遺伝子の転写や複製などのプロセスを駆動する酵素など、細胞の基本的な資源を必要としている。合成システムが、その遺伝子やタンパク質が宿主細胞のものと直接相互作用しないように細心の注意を払って設計されていたとしても、資源をめぐる競争によって宿主細胞の行動が変化してしまうことはある。したがって、高度な「直交性」を求める熱心な研究者は、宿主への要求が非常に控えめで、宿主の代謝行動も適応度も変化しないようなシステムを設計しなければならない。安全性を考慮した場合の代替案は、「直交性」を忘れて相互作用が起こること

＊16　t（トランスファー）RNAのこと。アミノ酸を所定の届け先（リボソームと結合したmRNA）まで運ぶ役割をする。

を受け入れ、ユニットとして効率的に目的のタスクを実行する合成システムと宿主細胞、および環境の組み合わせを設計することである。

3

合成生物学と環境問題

21世紀の環境問題

今世界は、数々の環境問題に直面している。限りある資源、限りある空間、生物多様性の喪失、土壌・水質・大気の汚染、そして土地利用や大気汚染の変化がもたらす気候変動への影響など、差し迫った問題を数え上げればきりがない。そこで、合成生物学を技術的、社会的、法的な進歩と組み合わせれば、こういった問題を解決する強力なツールになり得ると多くの人が考えている。合成生物学による環境保護へのアプローチの例としては、温室効果ガスの削減、より効率的な農地利用、汚染の検出、微生物を利用して環境を修復・改善・浄化する技術（バイオレメディエーション）などが挙げられる。

バイオ燃料による温室効果ガス生産量の削減

現在、世界の一次エネルギー消費の80パーセントは、石炭、天然ガス、石油などの化石燃料の燃焼から得られている。これらの燃料源は、世界全体で平均約12テラワット（1テラワット＝10^{12}ワット）の発電量を生み出しており、さらに1テラワットが原子力エネルギーから、1テラワット強が太陽光、風力、水力発電などの自然エネルギーから生み出されている。しかし、この化石燃料による発電をいつまでも継続するのは不可能だ。長期的には、供給源である化石燃料は枯渇《こかつ》する。経済に与えるダメージは、化石燃料の燃焼によって大気中に放出される二酸化炭素（CO_2）の上昇によって引き起こされる気候変動の方が、現在の化石燃料から他燃料への転換よりもずっと大きい。太陽光や風力、波を利用する直接エネルギーは固定した発電所で得られるが、車両には高密度で持ち運びが可能な電源が必要で、特に液体燃料が有用だ。そのため、植物を原料とした持続可能なバイオ燃料の開発が今世界中から大きな注目を集めている。植物は成長する際に、大気中のCO_2と太陽からのエネルギーを吸収し、バイオ燃料を燃焼する際にはその両方を放出する。つまり、実質的にカーボンニュートラルな太陽エネルギーの集光システムが有用なのだ。しかし、従来のバイオ燃料は、農業用地と同じような場所で栽培される植物を原料としているため、燃料と食糧が農地を奪い合った末にやむなく森林の農地化が進み、その結果生物多様性が減少してしまうという問題が生じてくる。また、従来の植物はバイオ燃料の生産効率があまりよくなかった。農地を必要とせずに効率的にバイオ燃料をつくる生物がいれば、これらの問題は解決できるかもしれない。

地球上で最も古くから光合成を行う生物で、大気中への酸素の放出という地球史上初の大規模な「汚染」事件の原因となったのは、光合成の仕組みをつくり上げた細菌の一種であるシアノバクテリアだ。その多くは簡単な液体培養で育つため、従来の農業にはまったく不向きな地域では、「シアノバクテリア農場」というものが提案されている。「シアノバクテリア農場」では、シアノバクテリアは太陽の光が当たるチューブやタンク内で生息し、CO_2と水をバイオ燃料に変える。光合成は生物が太陽光エネルギーを利用してCO_2と水を結合させ、有機分子をつくるプロセスであるが、天然のシアノバクテリア内ではあまり効率はよくない。というのも、関与する特定の酵素（特にリブロース－5－ビスリン酸カルボキシラーゼ／オキシゲナーゼとセドヘプツロース－1、7－ビスホスファターゼ「RuBisCo《ルビスコ》」）の活動が遅く、代謝を妨げてしまうからだ。これらの酵素をコードする遺伝子を、ほかの種からの遺伝子の使用や遺伝子変異などによって改変した結果、シアノバクテリアの光合成の効率は向上した。さらに劇的なことに、バー・エヴェンの研究室では、代替システムとして、完全合成されたCO_2の取り込み経路を設計している。たとえば、マロニル－CoA－オキサロアセテート－グリオキシレート経路を使えば、通常のCO_2取り込みのメカニズムよりも2、3倍の速さで光合成が行える。しかし、新しい経路のために酵素を合成する代謝コストが高いため、この生産性の全体的な向上は今のところは期待外れだ。自然の営みを変えるのは、一部の合成生物学者が想定しているほど容易ではない。

　天然のシアノバクテリアは、光合成によって生成した物質のほとんどを自分たちで使うために体内にとどめている。となれば、有用な燃料を得るには、シアノバクテリアの細胞を培養液から回収したうえで、それを破壊しなければならない。脂肪酸はバイオ燃料に使用できるため、これまで大量の遊離脂肪酸を周囲の液体中に放出するSynechocystis《シネコシスティス》 cyanobacteria《シアノバクテリア》（シアノバクテリアの一種）をつくりだすために、突然変異と選択のサイクルを組み合わせた合成生物学の技術が使用されてきた。ただし、この遊離脂肪酸の分泌が、壊れやすく成長が非常に遅くなるという、細胞にとっての正味の代謝コストとなっている。

もう一つのバイオ燃料生産のアプローチは、従来の植物を栽培し、改変した微生物を用いてその細胞組織を発酵させてエタノールに変え、効率的にバイオ燃料を生産するものだ。茎やもみ殻など食物生産から出た廃棄物をはじめとするバイオマスの多くは繊維状のリグノセルロースで、化学的に加水分解により六炭糖と五炭糖の混合物を得ることができる。原則的にはこれは発酵に適しているように見えるが、一般的に使用されている酵母は五炭糖には対応していない。また、普段実験室で使用される大腸菌のような細菌の野生株は、五炭糖を代謝してエタノールを生成することはできるが、不要な酢酸も同様に生成するため非効率的である。合成生物学の技術は、ピルビン酸デカルボキシラーゼとアルコール脱水素酵素Ⅱといった、ほかの生物からの酵素を大腸菌に追加して代謝経路に新しい分岐を追加するために使用されてきた（図16）。こうして、ほとんど酢酸を含まないエタノールが生成可能となった。エタノールが示す毒性に対する耐性を高めるために細菌をさらに最適化した結果、収率は大幅に改善された。代謝経路を追加し、毒性の影響から細胞を保護するために新しい遺伝子を導入するという、エタノール合成のためにとられたほぼ同様の戦略が、既存の内燃エンジンでより簡単に利用できるイソブタノールやイソプロパノールをつくる細菌の生成にも使用されている。

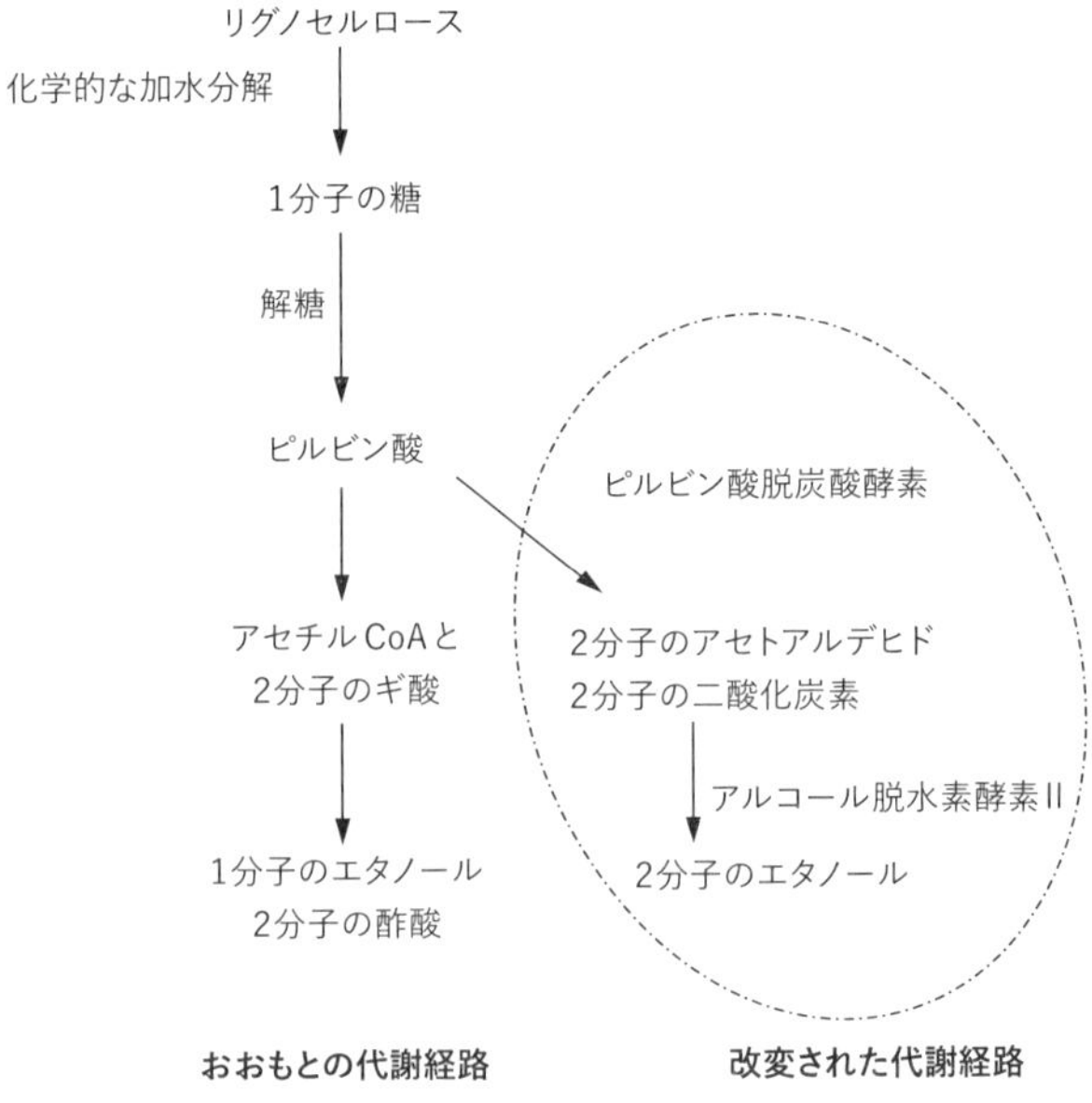

図16　合成生物学的技術の利用による大腸菌への新しい代謝経路の導入は、繊維状の植物廃棄物から得られる糖類からのエタノールの生産を改善する。

現在のところ、バイオ燃料の進歩を妨げる最も大きな要因は、技術的な問題というよりも経済的な問題である。比較的安価な化石燃料である炭化水素は、現世代のほとんどのバイオ燃料よりも安く、化石燃料の使用に罰則的な課税制度や、バイオ燃料の使用を義務づける法律がある場合を除けば、消費者が高価すぎると思うような製品の製造に投資するインセンティブは産業界にはほとんどない。

より効率的な食品生産

光合成は、光のエネルギーを利用してCO_2と水を結合させてより複雑な分子を形成し、酸素を放出するものだが、一つ大きな欠陥がある。空気中のCO_2を捉えて固定する酵素RuBisCoは、光呼吸と呼ばれるプロセスではCO_2の代わりにO_2を固定することができる。ほとんどの植物は、光合成を行うためにC３経路と呼ばれる経路を使用しているが、光呼吸はエネルギーを浪費し、収率を最大４分の１減少させる。光合成のためにハッチ＝スラックと呼ばれるC４経路を代替経路として使用する植物もある。この経路の効果は、RuBisCoをCO_2で囲むことであり、それがO_2の代わりにCO_2を固定して、光合成をより効率的に行う可能性をはるかに高めるのだが、C４経路はエネルギーコストが多少かかる。一般にはC４経路をもつ植物は、暖かくて乾燥した低窒素の土壌でよく育ち、涼しくて湿った窒素が豊富な土壌では、C３経路をもつ植物がよく育つ。トウモロコシやサトウキビのようなC４経路をもつ作物もあるが、小麦や米のように世界的によく食べられている作物のほとんどはC４経路をもっていない。もしもこれらの作物のC４バージョンをつくることができれば収穫量が増加し、窒素肥料の施肥量を減らせるかもしれない。合成生物学はこれを実現するための一つの希望ではあるが、それは容易なことではない。単にC３植物にC４型酵素を添加するだけでは、問題の一部を解決したにすぎないからだ。陸生植物ではC４経路は経路のさまざまな部分を動かすために、特化した多種多様な細胞種間の共同作用と関与しており、植物はCO_2を濃縮するために、葉脈や肥大化細胞など構造上の特殊性が必要なのである。食糧としての特質を妨げることなく、これらすべてをC３植物に移植することは容易ではない。したがって、現在はC４経路の「ミニマリスト」バージョンを設計し、それらを宿主となるC３植物のなかに組み込むことに焦点が当てられている傾向にあるが、まだ期待する代謝は得られていない。実際、２０１６年の調査では、まだ現実的な計画さえないと結論づけられた。合成生物学がまったく関与していない全然別のアプローチでは、従来の突然変異選択技術を利用して、C４植物に有利な環境条件下で、C３植物がC４植物に進化することを期待している。しかし、まったく逆の環境下で最大の効率を求めるこの方法は、その植物の食用としての有利性を失うという深刻なリスクを伴う。なぜなら、デンプンを多く含む種子をつくるのは、植物にとってはほぼ間違いなく無駄が多いからである。

農業が環境に及ぼす影響を軽減できるもう一つの要素は、窒素を含む化学肥料への依存度を減らすことである。現在世界のエネルギー生産量の約３パーセントが化学肥料の生産に利用されている。畑に散布された肥料の多くは、植物に吸収される代わりに地下に流出し、地下水を汚染している。肥料の輸送コストも高く、多くの開発途上国で問題となっている。エンドウ豆や豆類などのマメ科植物のなかには、共生細菌[17]と結びついて空気中から窒素を固定できるものもある。共生細菌は、植物の根の結節内で窒素含有アンモニアを生成する。マメ科植物は、ほかの作物を栽培する季節の間に土壌の窒素レベルを回復するために、すでに作物の輪作計画のなかで利用されているが、合成生物学は穀物や大量生産される作物（バルク食品）に窒素固定の仕組みを移植する可能性を提起した。この取り組みには、二つの基本戦略がある。一つは直接植物に窒素固定の生化学的な代謝経路を工学的に導入する方法。もう一つは、植物に窒素固定を行う根粒[18]形成の仕組みを工学的に導入す

＊17　動植物や菌類と共生する細菌のこと。
＊18　植物（主にマメ科植物）の根に見られる瘤《こぶ》。共生している細菌と栄養を供給し合うことによって生じる。

る方法であるが、どちらも容易ではないだろう。

細菌の窒素固定経路は、窒素固定遺伝子（Ｎｉｆ遺伝子）によってコードされた酵素を使用する。この酵素は、金属を含む補酵素を必要とし、多くの遺伝子の生成物を必要とする複雑なプロセスで組み立てられる。さらに、この経路は低酸素環境下でしか作動しないので、植物細胞の酸素を消費するミトコンドリアに配置するとよいかもしれない。さまざまな概念実証実験により、この窒素固定経路の構成要素が植物で明らかにされている。最近では、タバコ（タバコ属の植物）に16種類のＮｉｆタンパク質を発現させる遺伝子カセット[*19]が導入され、その一部がミトコンドリアに存在することさえ確認されているが、機能する窒素固定経路の構築は残念ながらまだ実現していない。

根粒は、植物とバクテリア間のシグナル伝達の対話によって形成される。植物の根はフラボノイドを土壌中に放出し、この分子が根粒菌を活性化させてＮｏｄ因子と呼ばれる修飾基が存在する小さな糖分子を生成する。Ｎｏｄ因子は、近くの植物の細胞組織を成長させ、細菌が侵入する結節を発生させる。その植物は、細菌と自身の組織の間に膜をつくり、この二つの種が一緒に育つようになる。植物は細菌に栄養を与え、細菌は固定窒素を植物に渡す。このやりとりは複雑で、シグナルをつくったり検出したりする多くの遺伝子や、植物の構造上の変化も関与している。関与する遺伝子の多くは特定されているが、新しい宿主に入れたときに、それらの遺伝子が結節形成の機能をどれだけ正確に再現するかはまだ明らかになっていない。

汚染の検知

自然界の細菌は、毒性化合物を検出するための非常に高感度の受容体（レセプター）を進化させてきたが、多くの場合は有害物質が受容体に害を及ぼす前に、その有害物質を中和するメカニズムを活性化させるように進化してきた。これらの天然バイオセンサーは、汚染を検出して報告するように設計された合成生物学的システムのパーツとなりうる。このようなデバイスの興味深い例としては、２００６年のｉＧＥＭ[*20]（International Genetically Engineered Machines competition）の学部生チームの研究から生まれたヒ素検出器がある。解決すべき問題は、最大１億人の人々の飲料水にヒ素が含まれているということだ。特にバングラデシュのような国では、病原菌で汚染された表層水の使用を避けるために、

＊19　遺伝子発現の開始・制御・終結配列と遺伝子で構成される、細胞内で遺伝子を発現させるためのユニットのこと。
＊20　マサチューセッツ工科大学で毎年11月頃に開催される大学生や大学院生が参加する合成生物学の大会。毎年、日本の大学も多数参加し、優秀な成績を収めている。

人々が知らず知らずのうちにヒ素を含む堆積物のなかに入れた管から井戸水を引いている。一部の井戸だけが被害を受けているため、1リットル中に100万分の1グラム（1ppb）程度のヒ素を検出できて、現場で使用できる簡単なセンサーが一機あれば十分だ。エジンバラ大学の学生チームは、バイオブリックスライブラリーの既存のコンポーネントと、細菌がもつヒ素センサー遺伝子（ArsDとArsRをコードする遺伝子）を含む新しい部品を組み合わせたデバイスを設計し、水中のヒ素濃度をpHの差に換算した。この数値は標準的なpHインジケータ色素で読み取ることができる（図17）。

このデバイスは、最初に開発されて以来、ケンブリッジ大学の別のiGEMチームによって改良された。イギリスに本拠地を構える医学研究支援などを目的とする公益信託団体「ウェルカム・トラスト」は、ネパールの政府機関と協力して、現実世界への応用に向けた開発に資金を提供してきた。これには、合成生物学により遺伝子が組み換えられた生物による環境汚染のわずかなリスクを封じ込め、たとえ汚染したとしてもその遺伝子組み換え生物が生き残れないようにしただけでなく、使いやすいようにシステムをパッケージ化することなども含んでいる。しかし、このデバイスは規制と倫理に関連した興味深い理由から、まだ実用には至っていない。これについては本書の最終章で考察する。

バイオレメディエーション

　最もわかりやすい環境に対する脅威の一つは、産業による大気・水質・土壌の汚染である。特に土壌汚染や水質汚染の場合、重金属はたとえ微量であっても食物連鎖のなかで濃縮されるため、非常に厄介な問題となる可能性がある。微生物は周囲から少量の重金属を吸収する。そして重金属を効率的に分泌する方法をもたない捕食者に食べられ、重金属はその捕食者の体内で蓄積される。この捕食者がまた別の捕食者に食べられて重金属がどんどん蓄積していくと、蓄積量は危険なレベルに達することがある。この悪名高い例が

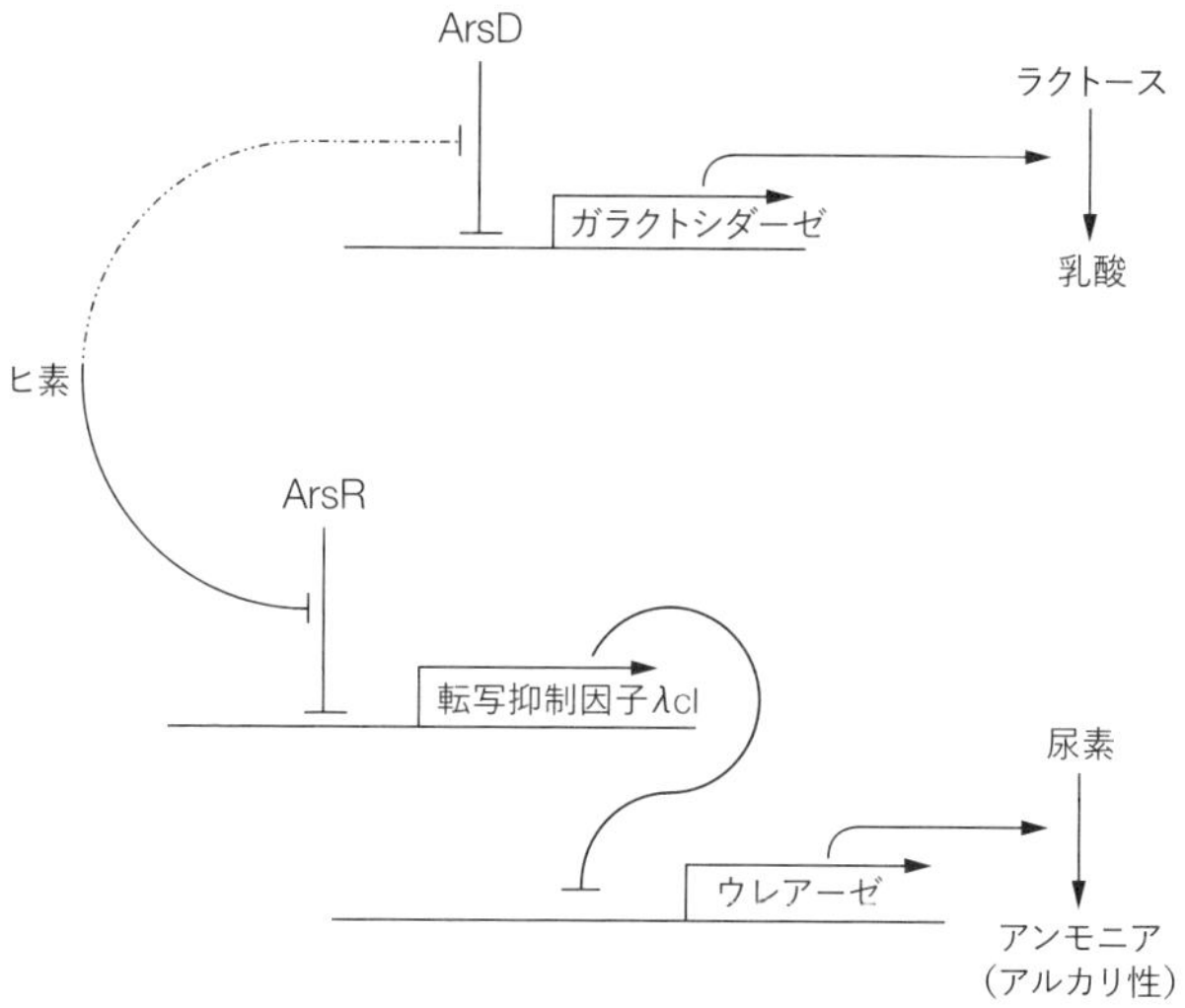

図17　合成生物学的なヒ素検出装置の代表例：矢印は活性化、T字は抑制、破線はシステムの作用に重要な弱い相互作用を表している。アルカリ性の尿素合成と乳酸合成は、ヒ素濃度によってシステムが切り替えられる。

「水俣病」で、2000人以上の日本人が被害を受けた。[*21] ある工場が、アセトアルデヒド製造時に使用していた水銀触媒の副反応によって発生した微量のメチル水銀を放流したのである。水銀はプランクトンに取り込まれて貝類や魚に蓄積され、それらを食べた人間(と猫)の体内で有毒レベルに達した。産業界と一般市民は、廃棄物から重金属を確実に除去することにいまだ強い関心をもっているが、汚染物質が大量の水のなかに微量しか存在しない場合、単なる化学的方法で解決することは非効率的であり、非常にお金がかかってしまうことなのである。重金属汚染の問題が重金属を濃縮する生物の能力によって生じていることを考えると、この問題を解決するために生物を利用しようとする試みは、大いに期待できるはずだ。

多くの細菌は、ニッケルやコバルトなどの金属をイオンとして取り込める輸送チャネルをもっているが、非常に効率的な排出ポンプとの間で取り込みと排出のバランスがとられている。合成生物学的技術によって、大腸菌などの細菌にほかの細菌のチャネルを追加してニッケルやコバルトを取り込む能力を高めたり、排泄ポンプ系を除去したり、接着因子を追加したりすることができる。その結果、細菌「Co/Niバスター」が誕生した。「Co/Niバスター」は、希薄な溶液からわずか数分で金属を確実に取り込んで蓄積し、金属を含んだ細菌を洗浄したばかりの液体から容易に除去できるように、粘着性のあるバイオフィルムを生成する。しかし、これはまだ研究段階であり、現場には導入されていない。もう一つの例は、哺乳類の金属結合タンパク質であるメタロチオネインを発現するように設計された細菌によって土壌からカドミウムを隔離するもので、それによって植物の生産性を向上させることができる。天然の植物もまた土壌から金属を取り込んで蓄積できるので、数年前からバイオレメディエーションに使用されている。合成生物学の技術を自然の植物に応用して、植物が枯死することなく金属を取り込む能力を向上させることに関心が高まっている。取り込もうとする金属に価値がある場合、その金属を排水から抽出することは「金属発掘」方法としては、経済的に実行可能かもしれない。考えられる応用の一つは、触媒式排ガス浄化装置から出た粒子で、汚染された道路排水溝から貴重な金属を回収することだ。

バイオレメディエーションは、金属だけでなくさまざまな有機汚染物質に対しても使用できる。少なくとも実験室試験で機能することが証明されている合成システムの例としては、爆発物や有機リン酸エステル、アトラジン、またはピレスロイド系殺虫剤で汚染された土壌、医薬品やカフェインで汚染された排水を修復するように設計された細菌などが挙

＊21　行政に患者認定された人数。潜在的な被害者はさらに多い。

げられる。

多くの汚染物質に関していえば、目的の宿主細菌に導入できる単純な酵素系は、どの種にも存在しないため、どこかほかの場所から複数の酵素や輸送体を借りてきて新しい代謝経路を設計、構築する必要があるだろう。これが、合成生物学の真の力を利用したアプローチである。このアプローチは、ある化学物質の出発点から最終的な化学物質に至るまで、可能性のある経路を提案する代謝データベースと、それに付随する人工知能システムの開発によって支えられている。これは衛星ナビゲーションシステムがある場所から別の場所への経路を図表に記すのと同様の方法である。

商業利用への障壁

本章で繰り返し言及しているシステムは、研究室では機能することがわかっているが、まだ実際に実用化はされていない。これには、経済的な理由と社会的な理由が二つある。バイオ燃料の生産は、主に経済的な理由で阻害されている。簡単にいえば、化石燃料の直接購入コストが安価な限り、砂漠で藻類バイオ燃料を生産するようなシステムに投資するインセンティブは存在しないのだ。汚染の検出やバイオレメディエーションの応用は、一般的には経済的に有利であるため、これが遅れているのは経済的な理由からではなく、遺伝子操作された生物に対する制限が緩み、遺伝子組み換え生物が一般的な環境のなかに侵入して繁殖しないように設けられた厳しい規制のためからである。特に、広大な土地や文字通り汚染された湖水を浄化する場合には、遺伝子組み換えによってつくられた生物の封じ込めは難しい。本章で紹介した合成生物学の応用例は、技術的には比較的単純な例かもしれないが、逆説的に言えば、私たちの生活に本当の意味での違いをもたらすには、最も時間のかかる応用例なのかもしれない。次の第４章で述べる医療への応用は、構築するものの自体が複雑であり、つくるのも困難だが、現実世界においてすでに命を救うところまで到達している。これは医療においては、高度に制御された実験室環境でのみの使用であったり、哺乳類の細胞のような生物から離れて自立して生きることができない細胞のなかで動作する遺伝子回路を用いたりするため、先述のような問題が生じないからである。医療への応用は、複雑でありながらも、より単純な環境への応用より先をいっているのだ。

4

合成生物学と医療

合成生物学はさまざまな方法で医療に応用できる。製薬や観察と診断の精度を上げるためにも利用できるし、ヒトの細胞を改変して特殊な性質をもたせ、患者を助けることもできるようになってきた。現在はまだ研究段階ではあるが、新しい細胞組織の構築にも利用されている。医療への応用では、個々の患者の安全性に対する要求が非常に高くなるが、これは医療開発全般に言えることであり、合成生物学的アプローチが従来の選択肢と比較して経済的な面で特に不利というわけではない。ほとんどの場合、改変された生物が一般的な環境下で「暴走」するリスクはない。それゆえ、リスクは解決すべき問題をすでに抱えている特定の患者に限定される。一般的に医療は、合成生物学が現実世界で最も早くから大きく貢献している分野である。

人工代謝経路による薬物合成

ほとんどの医薬品は低分子で、それを摂取した人間の体内や微生物内の特定のタンパク質と相互作用して活性を変化させる。よく知られているのがアセチルサリチル酸（アスピリン）である。アスピリンは酵素シクロオキシゲナーゼに働き、炎症や痛みを媒介するプロスタグランジン分子の合成を抑制して痛みを和らげる。重要な医薬品の多くは、植物や有機物など自然由来の製品であったり、アスピリンのように自然製品をベースにした合成化学物質であったりする。自然由来の医薬品のなかには、栽培が難しい生物を原料とするものもある。その一例がアルテミシニンである。アルテミシニンは、２０１５年に中国人の女性として初のノーベル生理学、医学賞を受賞した屠呦呦《とゆうゆう》によって発見された効果的な抗マラリア化合物で、マラリアの標準的な治療薬の成分として世界中で使われており、統合失調症にも効果があるとされる。アルテミシニンの原料であるクソニンジンは中国、ベトナム、東アフリカなどで栽培されているが、栽培が難しく価格が乱高下しているため、マラリアに苦しむ人々の手には届かず、年間１００万人以上が死亡しているのが現状だ。

このアルテミシニンを安価に大量生産するという課題には、先駆的な合成生物学者であるジェイ・キースリングが「ビル・アンド・メリンダ・ゲイツ財団」の資金援助を受けて取り組んだ。キースリングのチームは、ほかの生物から取り出した酵素遺伝子を導入して、発酵槽で育てやすい醸造用酵母の代謝を改変した。クソニンジンは、１０３ページ図18ａに示す代謝経路に従ってアルテミシニンを生成する。まず、太陽光を利用して光合成で糖をつくり、その糖をアセチルＣｏＡに変える。次にこれをメバロン酸経路を利用して長鎖分子のファルネシル二リン酸に変え、今度はこれをアモルファジエンに変換する。そして酸化してジヒドロアルテミシン酸にし、太陽光によってアルテミシニンに変える。天然の酵母は、これらの経路に必要な酵素の一部をもっているが、すべてではない（図18b）。キースリングのグループのロー・デギュンと同僚は、アセチルCoAからファルネシル二リン酸をより効率的につくるために、メバロン酸経路の酵素の発現を増加させた。そして通常ならファルネシル二リン酸を不要なスクアレンに変える酵母の代謝経路を破壊して、代わりにアルテミシン酸に変えるために、クソニンジンから二つの酵素を保持できるように酵母を改変した（図18c）。アルテミシン酸はアルテミシニンそのものではないが、簡単な化学反応でアルテミシン酸に変換できる。このように記述すると、代謝工学は容易なように見えるが、実はそうではなかった。それなりの収量を得るためには、とても慎重に酵母の代謝経路に沿った分子の流れのバランスを取る必要があり、初期バージョンのデバッグ中[*22]に初めていくつか別の酵素が必要だとわかったこともあった。２００６年に構築されて以来、この代謝経路はさらなる外部支援を受けて改良され、現在ではイタリアのサノフィ社がアルテミシニン生産のために商業利用している。

アルテミシン酸の合成は、現実世界での有益な応用という点で、合成生物学が初めて大成功を収めた例である。この成功は合成生物学の威力を示すと同時に、たとえこの分野の世界的なリーダーたちが研究を行ったとしても、効率的に機能する新しい経路を構築するのがいかに困難であるかを物語っている。

これとよく似たアプローチにより、モルヒネやコデイン、アヘンといった一部の植物の特殊な代謝物を生産するため、簡単に育つ微生物の代謝改変が試行されている。同様に、ある小規模なパイロット実験では、抗がん剤のジンセノサイドＲｈ２をつくるために、高麗人参の酵素遺伝子を酵母に移して最適化するなど試みた。

ここでもまた、目的の生成物を分解してしまう酵母の経路を抑制する必要が生じるなど、当初予想していなかったステップがいくつか必要となった。

＊22　もとはプログラムのバグをとるという意味でのＩＴ用語であるが、合成生物学でも設計通りに動作しない合成システムを修正する作業のことをこう呼ぶ。

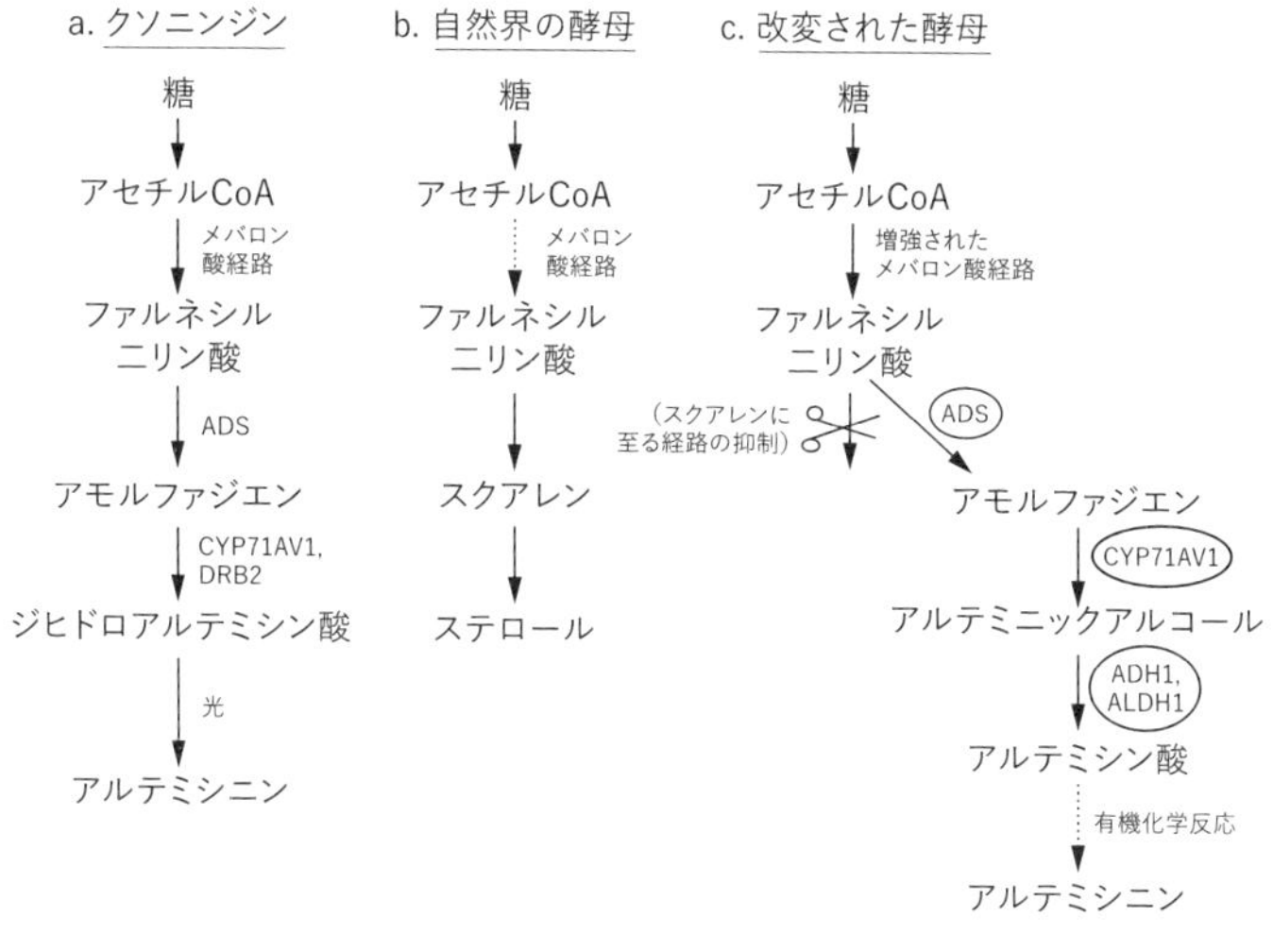

図18　アルテミシニンの天然経路および合成経路。(a)クソニンジンでの経路　(b)通常の酵母での経路　(c)ロー・デギュンらが酵母で組み立てた合成生物学的経路。円内の酵素はクソニンジンから得たものである。

免疫システムの向上

がん研究の主要な目的は、免疫システムが腫瘍を許容するのではなく、悪意のある脅威として「みなす」ように導くことである。腫瘍細胞は、しばしば異常な表面分子を発現しているが、これらの分子は原則として腫瘍を「異物」と認識させるものであり、免疫攻撃の標的としてマークされるはずである。しかし残念なことに、腫瘍の環境はしばしば攻撃性よりも免疫システムによる寛容性を誘導してしまうことがある。近年では、遺伝子工学技術を応用して人工認識タンパク質を装備させた免疫細胞に腫瘍を認識させ、寛容性が誘導されないよう「強制」している。この場合ほとんどのケースで、体内でのウイルス増殖時のように、細胞が「異物」タンパク質を発現している場合に体が自分自身の細胞を殺すために使用する細胞、傷害性T細胞が研究の中心になっている。

すべてのT細胞は、その表面に「TCR（T細胞受容体）」という認識タンパク質を発現している。実際に標的を認識する部分であるTCRの「頭」をコードする遺伝子がランダムに変異するのは正常なT細胞への分化の特徴で、これによってT細胞のさまざまなクローンがそれぞれの標的を認識できる。正常な体の構成要素を強く認識するものは排除され、それと同時にまったく認識しないものも排除される。こうやって淘汰することで、正常なタンパク質を認識する力は非常に弱いが、体内には特定のウイルスのタンパク質を強く認識できるＴ細胞だけが大量に残る。普段はこれらのＴ細胞は静かに休息している。もう一つの免疫システム細胞である抗原提示細胞[*23]は、継続的に体内をパトロールし、炎症を起こしたり傷ついたりしていると思われる部位から分子のサンプルを採取する。抗原提示細胞は、二次信号である共刺激（co-stimulatory《コスティミュレートリー》）と組み合わせて、その分子をＴ細胞に伝達する。共刺激だけではＴ細胞は活性化しないが、Ｔ細胞のＴＣＲが提示された分子をたまたま認識すると、ＴＣＲからの信号が共刺激受容体からの信号と結合してＴ細胞を活性化し、ＴＣＲが認識した正常な組織細胞をすべて攻撃するようになる（１０７ページ図19ａ）。

　免疫学者は、これまで特定の腫瘍関連の標的分子を認識する合成ＴＣＲを遺伝学的に改変する方法について研究してきた。これは、腫瘍タンパク質を認識する抗体に由来する合成モジュールを使って、正常なＴＣＲヘッドを置換することで行われる。その結果得られるタンパク質は、キメラ抗原受容体（ＣＡＲ：１０７ページ図19ｂ）と呼ばれ、それを運ぶＴ細胞はＣＡＲ－Ｔ細胞と呼ばれる。もしも患者のＴ細胞の一部が除去され、この方法

＊23　外部から侵入した分子（抗原）を細胞表面に提示することで、Ｔ細胞を活性化させる細胞のこと。

で改変されて置換されると、ＴＣＲはその標的を認識はするが、共刺激がない限り腫瘍を攻撃しないだろう。のちの世代のＣＡＲも、たとえ実際に外からの共刺激がなくても、ＴＣＲタイプのシグナルと共刺激シグナルの両方の応答を与える内部領域が組み込まれている（図19ｃ）。臨床試験では、これらの細胞は腫瘍を攻撃するには非常に効果的であることが証明されている。しかし残念なことに、これらの細胞はしばしば効果が高すぎるため、免疫システムや炎症システムが爆発的に活性化する「サイトカインストーム」を引き起こし、生命を脅かすようなダメージを体全体に与えてしまう。ＣＡＲ－Ｔ細胞療法が一般的に使用されるようになるまでには、徹底したコントロールが必要なのは間違いない。アメリカのバイオ医薬品会社Bellicum《ベリカム》 Pharmaceuticals《ファーマシューティカルズ》社のＧｏＣＡＲ－Ｔデザイン（図19ｄ）に代表されるこのアプローチの一つは、共刺激領域をもたない「プレーンな」ＣＡＲを使用し、抗原提示細胞ではなく、薬品によって活性化された別個の人工共刺激受容体を追加したものである。このアイデアは、医師が患者に適宜薬剤を投与して、腫瘍細胞に出合ったときにどの程度抗腫瘍Ｔ細胞が活性化するか、その感受性を調節できるというものである。開発中のＣＡＲ－Ｔシステムには、ほかにも多くの進歩が見られる。

　原理的にはＣＡＲ－Ｔのアイデアは、ウイルスやほかの寄生虫など腫瘍以外の標的に対しても使用できるが、Ｔ細胞を改変して患者を助けられるのは、感染の経過が遅いときの

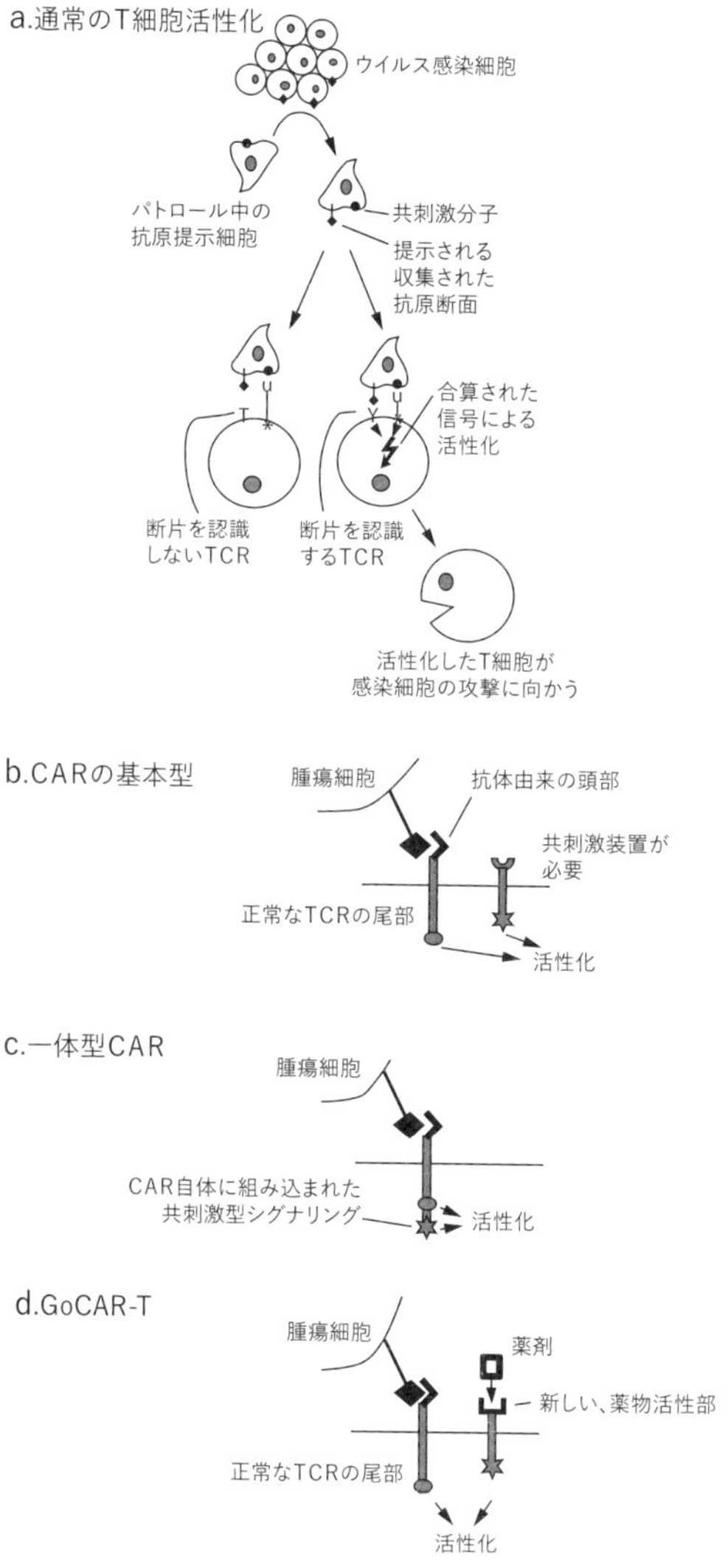

図19　CAR-T細胞。(a)もとから存在するT細胞の活性化　(b)基本的なCAR　(c)自身の共刺激信号を生成するCAR　(d)薬物制御可能なGoCAR-Tシステム。

みである。この方法は、急激に増殖するウイルスに対してはまだ実現可能ではない。

新たなパンデミックに対抗するワクチン開発

人類の歴史には、節目節目にパンデミックの名前が刻まれ、しばしばパンデミックがその時代を形づくってきた。そして、私たちは特に効果的な薬がまだほとんどないウイルスによって起こる新たなパンデミックに対して依然として脆弱だ。たとえば、1918年のH1N1インフルエンザウイルスによるパンデミックでは、世界の人口の3~5パーセントが死亡したが、これは第一次世界大戦の戦闘によって死亡した人数を上回っている。1950年代に起こったH2N2と、1960年代に起こったH3N2インフルエンザウイルスのパンデミックでは、それぞれ約100万人が亡くなっている。今でもインフルエンザの特効薬はないが、ウイルスの型に合ったワクチンを接種すればかなりの効果はある。新しい菌種が大流行したときに問題になるのは、ワクチンのメーカーにサンプルを送るために、ウイルスを分離して培養する必要があることだ。2009年のH1N1の大流行では、この工程に3カ月もかかってしまった。そのときの経験を踏まえ、2013年のH7N9発生時にはいくつもの研究室が集結し、合成生物学を用いたまったく別のアプローチがテストされた。まず、分離されたウイルスの配列を決定し、それを電子メールでワクチンメーカーに直接送る。次に、その配列を使って研究室で使われる病原性が低いウイルスを改変して本物のウイルスに対する免疫を刺激できるようにし、そのウイルスを細胞に導入してワクチンを製造した。実験ではこの方法を使えば、３カ月どころか１００時間でワクチンができることが判明した。

今後進化したら深刻な被害をもたらす可能性があるウイルスを予測して、先手を打とうとしている革新的な技術（後述するＨ５Ｎ１の実験のこと）がある。たとえば、Ｈ５Ｎ１鳥インフルエンザが突然変異して、人間にパンデミックを引き起こす可能性があることについては長年恐れられてきた。現在のＨ５Ｎ１は鳥類間、鳥類から哺乳類への感染はあり得るが、哺乳類から哺乳類への感染の可能性はない。重要なのは、Ｈ５Ｎ１が突然変異して哺乳類間で広がる可能性があるかどうかで、もしそうなった場合に私たちに何ができるのかということだ。オランダのロン・ファルキアとその同僚は、この問題を探るためにインフルエンザウイルスに三つの特定の変異を加えて、哺乳類のバージョンに近いものをつくった。このウイルスはフェレットには致命的だったが、フェレット同士の間では依然感染はしなかった。そこで、死んだフェレットから分離したウイルスを別の生きているフェレットに繰り返し感染させると、さらに変異した株が分離し、今度はフェレット間で広がるようになった。

これはまさにウイルス学者たちが恐れていたことだ。この実験でH5N1が哺乳類にとって致命的なウイルスに変異したのは、私たちの暮らす環境ではなく、高度に密閉された実験室という安全な環境のなかで行われたものであることに注意しておきたい。死んだフェレットから生きているフェレットにウイルスを与え、突然変異が起こるのを待つという、無作為の実験を何度も繰り返して、ウイルスのゲノム配列が決定された。この実験では、最初に設計した三つの変異に加えて、二つの変異が繰り返し現れた。これは、この二つの変異がこのウイルスの哺乳類間感染のカギを握っていることを示唆している。原理的には、このようなウイルス学へのアプローチ、つまり、まさに私たちが自然発生の可能性を恐れているものを意図的につくり、それを使ってワクチンを準備しておくことは、パンデミックに対して非常に強力な保険となり得るだろう。

診断における合成生物学

診断は臨床治療の前提条件である。診断検査で最も重要なのは正確さであり、感染症の可能性があるような急性症状がある場合には、もちろん迅速さも重要だ。細菌感染が疑われる場合、古典的な診断テストでは寒天プレート上でサンプルを培養し、色、形、匂いなどコロニーの特徴を調べる。一連の抗生物質に対する細菌の感受性も測定できるように、抗生物質を含有した寒天プレートと組み合わせることもあるだろう。問題は、この検査には通常は一晩という長い時間がかかるため、その間患者は従来の知識からの推測に基づいた治療を受けなければならないことだ。抗体やＰＣＲ（56ページ参照）を用いたより高速な検査法もあるが、これらの検査法では、細菌の場合は最もよく見られる種類のごく限られた一部分でしか検査できない。この分野における合成生物学の実験的応用の一つは、感染した細菌を発光させるレポーター遺伝子をもつバクテリオファージの改変である。バクテリオファージはそれぞれ異なったバクテリアを捕食し、その特異性は改変によってさらに向上する。合成生物学によるレポーター装置を搭載した改変済みのバクテリオファージの混合物を細菌にふりかけることで、感染した細菌を迅速に同定することができる。この方法で動作する実験システムによって、人間の血清中の腺ペストの原因であるペスト菌が存在するかどうかを2時間以内に明らかにすることができるようになってきている。

従来の診断法では、通常適切な実験施設が必要だった。そのため、これが開発途上国や出張先の施設外で診断する場合には問題となった。そこで、ジェームズ・コリンズとその同僚たちがこの課題に取り組んだ。彼らはまずＤＮＡと遺伝子を転写して、そのｍＲＮＡをタンパク質に翻訳するために必要な酵素の混合物を添加し、その混合物を紙の上で凍結燥させた。この方法でつくられたデバイスは、検査のたびに細胞を使用する必要がないため、5円以下と非常に安価で迅速に開発ができる。さらに研究チームは、単純な合成生物学的な回路を試験的に開発した。この回路は通常蛍光タンパク質の合成を抑制しているが、エボラウイルスの特定のウイルス株の核酸の存在下では蛍光タンパク質を発現させる。この低コストのデバイスは、エボラウイルスを検出するだけでなく、たとえ微量であってもさまざまな国で発見されたウイルスの変異株を区別できることが証明されている。

マウスを用いたまだ実験段階のシステムでは、腸内細菌が宿主の生理機能を監視し、糞便中に排出される際に報告するように改変可能であることが示されている。このアイデアを人間にも応用すれば、細菌からの信号を読み取って、何かあったときに利用者に警告を出すトイレを将来的につくることができるようになるかもしれない。

合成生物学による生理状態の制御システム

体の重要な部分が正常に機能しなかったり、怪我のためにまったく機能しなくなったりしたために自己免疫性の病気を患っている人も多い。その一つの例がI型糖尿病で、体がもはや十分な量をつくれなくなったインスリンを外部から注入することで治療されている。これは不自由で、非常に厳しい食事制限と適度な運動でサポートする必要がある。というのも、注入されたインスリンの量は、必要とされる量の推定値であって、正常であればリアルタイムの測定値に反応して適宜体内でつくられる量と同じではないからだ。医学研究では、この問題には三つの対応策があると言われる。一つ目は、血液中のブドウ糖の量に応じてインスリンを放出する電子機器につながれたポンプを構築することだ。すでにいくつかの型が臨床で使用されている。二つ目は、幹[*24]細胞技術を用いて不足している細胞を生産したり交換したりする方法だが、I型糖尿病のような免疫システムが重要な細胞を破壊してしまうときに発現する病気では、この方法を使うと新しい細胞も同様に破壊されてしまうことがあるため、問題となる可能性がある。三つ目の対応策は、合成生物学を用いて別の細胞組織のなかに必要なタスクを実行するための新しいシステムを設計して導入することだ。本稿執筆時点では、この種の合成経路は人間にはまだ適用されてはいないが、動物実験では良好な結果が得られていることはわかっている。

　この合成生物学的研究の多くは、バーゼル社のミンチー・シエとその同僚らによって開拓された。マウスのI型糖尿病をコントロールするために、研究者たちは細胞膜の輸送チャ

＊24　幹細胞を分化させて人工的に目的の細胞をつくる技術のこと。この文脈では再生医療とほぼ同義。

ネルの組み合わせが導入されたヒト細胞株を設計した。この細胞株は、細胞が低グルコース状態にあるときには、通常の細胞に典型的なカリウムおよびカルシウムイオンの低い内部濃度を維持する（図20a）。しかし、細胞の外部を高濃度のグルコースにさらすと、研究チームが導入した経路の一つからグルコースが流入し、細胞はそれを使って小さなエネルギー貯蔵分子ＡＴＰ（アデノシン三リン酸）を生成した。ＡＴＰが上昇すると、通常は細胞からカリウムを除去する経路が閉じて細胞膜の両端の電圧が変化し、カルシウムが流入する経路が開く（図20ｂ）。細胞は、しばしば遺伝子の発現を制御するためにカルシウムを使うため、研究チームはカルシウムで活性化された遺伝子発現のコンポーネントをほかのシステムから「借用」して、カルシウムの上昇とインスリンをコードする遺伝子の活性化とを結びつけた。その結果、インスリンを分泌することでグルコース値の上昇に反応する細胞が誕生した。この細胞の臨床的な可能性を検証するために、研究者らはＩ型糖尿病を発症したマウスの体内にこの細胞を導入した。その結果、インスリンレベルが正常に戻り、通常非常に高かった血糖値が３日以内に正常に降下し、数週間後の研究終了時までマウスは、正常な状態のまま維持された。

痛風をコントロールする目的で、やはりマウスを用いた同様のシステムが開発された。痛風は、関節内で尿酸が結晶化して起こる炎症性関節炎である。臨床的には、腎臓からの

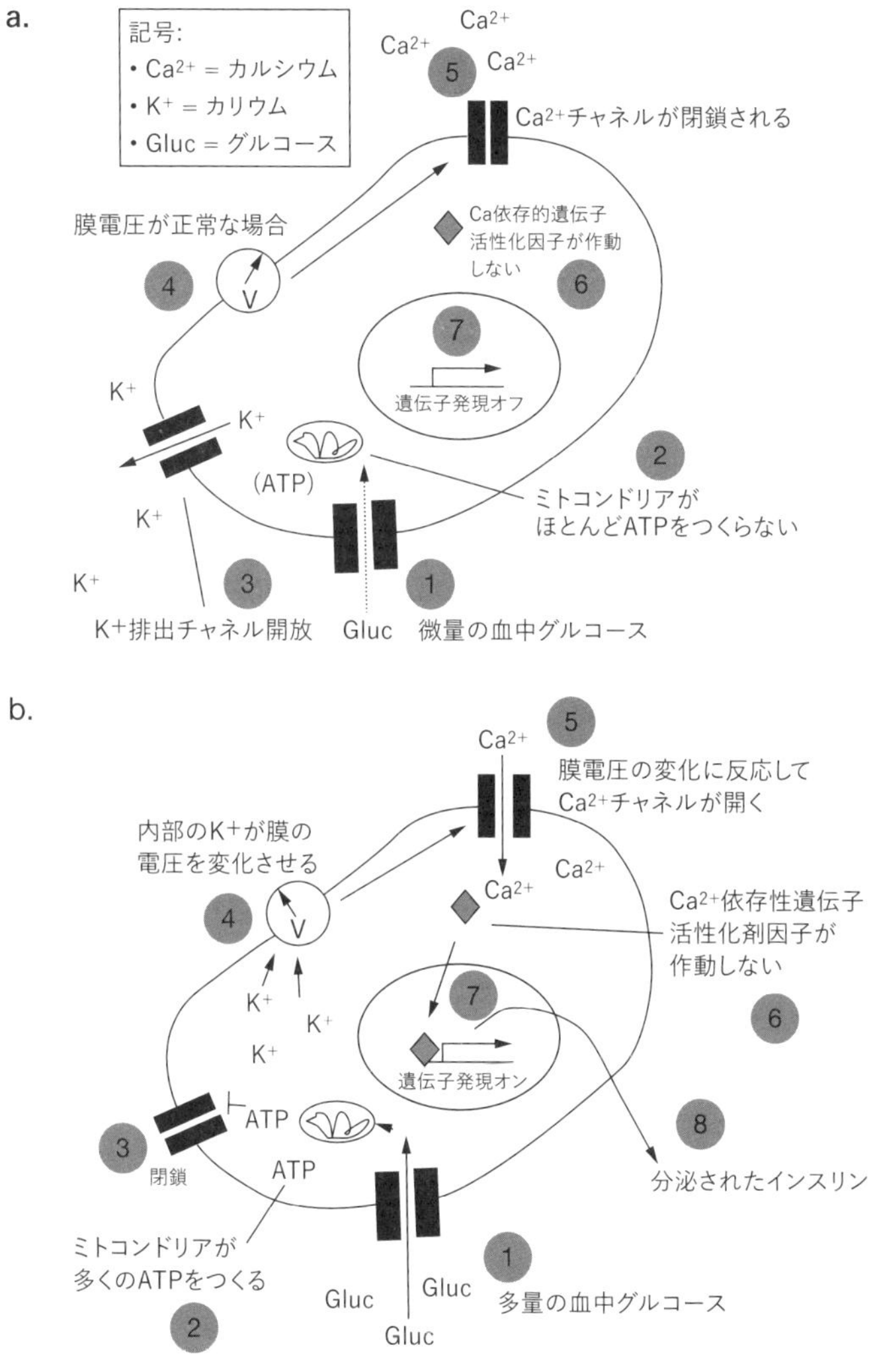

図20　インスリンを介した血糖制御、非膵臓組織体として働く合成遺伝子回路。(a)低血糖時の遺伝子回路の状態　(b)インスリンの生成を引き起こす高血糖時の遺伝子回路の状態。

尿酸の分泌を増加させる薬を使用して治療するのが一般的だが、最近では最初につくられる尿酸の量を減少させる薬もある。原理的には、体液中の尿酸の一部を破壊できればこの問題は解決する。尿酸を破壊できる酵素も存在する。たとえば、尿酸オキシダーゼをつくる菌類である。尿酸の分泌は少量であれば酸化ストレスから体を守るのに役立つため、尿酸オキシダーゼを過剰に生成するように体を改変するのは賢明ではない。必要なのは糖尿病と同様、細胞が体内の尿酸量を感知し、余分なものだけを破壊するようにするクローズドループ制御である。

バーゼル社のクリスチャン・ケンマーとその同僚たちは、次に挙げるようなシステムを構築した(図21)。その中核をなすのは、放射線耐性菌Dienococcus《ディノコッカス》 radiodurans《ラジオデュランス》という細菌からのタンパク質で、尿酸が存在する場合には尿酸と、尿酸が存在しない場合には遺伝子の上流にある特定のＤＮＡの「オペレーター」配列と結合して、遺伝子の発現をブロックする。もしも、このタンパク質の一種が尿酸の細胞取り込みを可能にするチャネルタンパク質と一緒に発現するように改変された哺乳類細胞をつくると、これらの組み合わせは尿酸の存在を許容して、真菌尿酸オキシダーゼの発現を制御するシステムとなる(図21)。尿酸レベルが高くなりすぎると、細胞は再び尿酸レベルが下がるまで尿酸オキシダーゼを生成する。研究チームは、培養皿で細胞のなかでこのシステムが作用することを確認したのち、遺伝子的に痛風を発症しやすいマウスに、この人工的に合成されたシステムを組み込んだ細胞を導入した。このタンパク質を含有する細胞は、マウスにかなりの耐病性を与えた。

　非常によく知られた病気も含めて、原則的に似たようなクローズドループ制御でかなりうまくコントロールできる病気はほかにもたくさんある。血中コレステロール、血圧、加齢に伴う炎症性活性化の三つがその主な例である。先に述べたマウスの実験は、すべて宿主のデバイス内に細胞を封入して行われたもので、細胞は自由に移動できないため、マウスのゲノム自体は遺伝子操作されていない。したがって、これらのシステムは人間自体の遺伝子を操作するわけではないので、人間に使用しても倫理的には問題がないと言える。また、カプセルに入ったデバイスを追加することは、ぺ

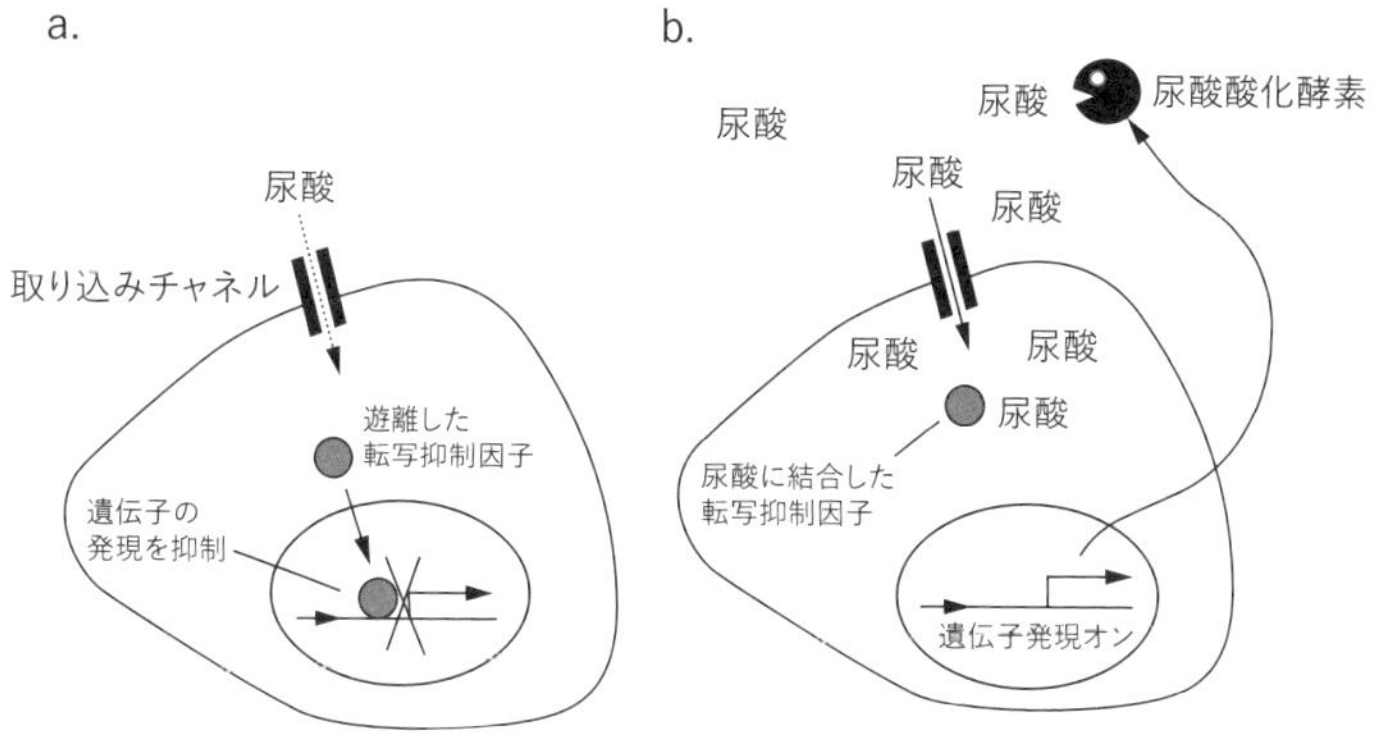

図21　細菌、真菌、哺乳類の成分を使用してつくられた、痛風を制御するクローズドループ型の合成生理条件調節システム。

ースメーカーやインスリンポンプのような比較的一般的なデバイスの埋め込みに比べると、心理的負担はさほど大きくないのかもしれない。しかし、免疫による拒絶反応や、導入した細胞が宿主であるヒトのなかへ入り込んでしまうアクシデントなど、安全性への深刻な懸念もいまだにある。人間に使用する前に、獣医学における人工的な生理状態制御の応用開発が今後進んでいくかもしれない。

再生医療とは、外傷や感染症によって損傷を受けたり、先天的な疾患のために最初から適切に形成されなかったりした身体構造の代替として機能する組織を構築することである。現在のところ、臨床的に有用な再生医療は、軟骨、骨、皮膚など、細胞レベルでは比較的単純で均質な構造に限定されており、通常は適切なタイプの細胞が増殖でき、なおかつ患者の体内に入れても問題がない、生分解性の人工的な足場の製作も対象としている。[*25] このような足場は、時間が経つにつれて細胞が自分でつくるコラーゲンなどの生体材料に置き換えられるため、とても自然に近い状態へと変化していく。移植を必要としている患者の治療のために、腎臓や脊髄のようなより複雑な組織もつくることができる。現段階では、異常をきたした体の修復や人工の手や足、目や耳などと身体を接続するために、通常とは違った特注の組織をつくれるようになることが急務である。

複雑な組織をつくるための最も有望な技術の一つとしてまず挙げられるのは、初期胚に似た細胞で、体のあらゆる部分をつくることができる幹細胞を利用したものだ。たとえば、自然の胚がたまたま心臓を形成するグループに属していた場合、これらの細胞から心筋などの組織をつくるには、その細胞の一つが自然の胚で経験するであろう一連の信号処理のなかを「通り抜け」なければならない。この「通り抜け」プロセスは、培養皿のなかの細胞にホルモンや薬剤などを塗布することによって行われる。このプロセスが適切に行われれば、細胞はまさに目的の組織型になる。心臓の場合には、培養された細胞が培養皿のなかで鼓動しているのを実際に見ることができる。問題は、細胞が現実的な組織型にはなっても、臓器全体を形成することができない点だ。なぜならば、実際には臓器は幹細胞が入っている培養皿には存在しない胚のほかの部分との相互作用によって決定されるからだ。この分野の第一線で活躍する数人の再生医療技術者は、合成生物学的手法を用いて、幹細胞ではなく「ヘルパー細胞」と呼ばれる細胞を改変し、不足している空間情報を提供することができるのではないかと推測している。このアプローチの利点は、もしそれがうまくいけば幹細胞自体を操作する必要がないため、意図しなかった分化や変異が生じるリスクが軽減されることである。

＊25　物質が微生物によって分解される性質であること。

通常、分化による組織の形成はそのほとんどが子宮内で起こるが、さまざまな構造を構築するために異なる時間、範囲、順序で発生するいくつかの基本的な細胞の活動に依存している。これには、細胞の増殖、自殺、移動、接着、融合、シートのような二次元的な配列およびシートからチューブ形成のようなシートの曲げ加工などが含まれる。これらの働きは、多くの細胞間のシグナル伝達によって調整されている。合成組織を設計可能にするための第一歩として、合成生物学者たちは、ヒトの細胞に挿入できるデバイスの小さなコレクションを作成した。これらのデバイスが非常にシンプルな細胞培養では意図した通りに機能することはすでに実証されているが、より高度な制御システムに接続して有用なものをつくりだすまでにはまだ至っていない。これが容易なのか、それとも非常に難しいのか自体、いまだわかっていないのが現状だ。

5

工学のための合成生物学

医学や化学の分野に合成生物学を応用できる可能性が大いにある一方で、建築物や橋、コンピューターなどの無機工学に応用できるかと言えばそうでもない。とはいえ、生物学的システムの反応のよさと、その構成分子が非常に小さいことを考えると、合成生物学はいくつかの大きな問題を解決する可能性を秘めている。と同時に、新たな問題を生み出す可能性がないとは一概には言いきれない。紙面の都合上、本章では建築、コンピューター、通信という、現代工学の三つの側面から代表的な例をいくつか挙げて、この大きな工学分野を説明していこう。

建築とその構築環境

現在、世界人口の半分以上が都市部に住んでおり、多くの人を取り巻く環境はほとんどの場合人工的につくられたものである。この環境を構築または再構築するために排出されている二酸化炭素排出量は、少なくとも世界の排出量合計の10パーセントを占めており、冷暖房、照明などの電力使用ではそれ以上の排出量を占めている。建築物が人々の幸福に貢献しているのは、単に住居や熱、光だけにとどまらない。なぜならば、建築環境そのものが人の行動と心の健康に強い影響を与えると実証されているからだ。したがって、よりよい建築について学ぶことは、人間の幸福にとって重要な優先課題なのである。

現代の都市にある建設物の多くは、コンクリートを土台としており、鉄を使用している場合が多い。コンクリートは非常に効率的な建築材料で、少なくともローマ時代から使われており、現在でも最も広く利用されている中心的な人工素材だ。原料のまま輸送できるので現場での生成も可能となり、必要な場所において液状の原料をポンプで汲み上げ、その場でいろんな形状に成形できる。しかしながら、深刻な問題にも悩まされている。衝撃を受けたり、水にさらされてアルカリ性セメントとケイ砂の顆粒《かりゅう》が反応したりすると、表面にひび割れが生じやすいのだ。温帯地域や北方地域では、水がひび割れに浸透して凍結し、膨張してひび割れをさらに悪化させることが問題になっている。オランダのヘンク・ジョンカーズのチームは、この問題を解決するために、枯草菌の胞子と乾燥した栄養素をコンクリート混合材に添加するという、非合成生物学的な解決策を開発した。コンクリートが無傷である限り、胞子は乾燥したまま不活性である。しかし、コンクリートに亀裂が入って水が浸入すると、胞子は出芽して栄養分を利用して成長し、貝殻やその化石の主成分であるセメント状の物質である炭酸カルシウムを分泌する。こうして亀裂は自己修復を行う。このシステムは、少なくとも実験室タイプのテストでは非常にうまく機能しており、どこにでもある無害な細菌だけを使用しているので、実際の建物で使用されても大きな障害はない。とはいえ、つくる時点で胞子を入れ込んだコンクリートにしか自己治癒力が働かないという問題点もある。

　このアイデアを既存のコンクリートに応用するという問題に、ニューカッスル大学のチームが取り組んでいる。彼らがシステムと呼んでいる「BacillaFilla《バシラフィラ》」は、合成生物学的構築物を運ぶ枯草菌Bacillus《バシラス》 subtilis《サブチリス》の胞子と、栄養素を含む噴霧可能な液で構成されている（図22）。これらの胞子は、腐朽したセメントのひび割れがアルカリ性の状態になったときに発芽するよう設計されている。その合成モジュールは、いったん発芽した細菌が運動性をもつと、細菌の一部は必ずひび割れの奥深くまで入り込む。これは、自然界の生物がもつ細菌が大量に存

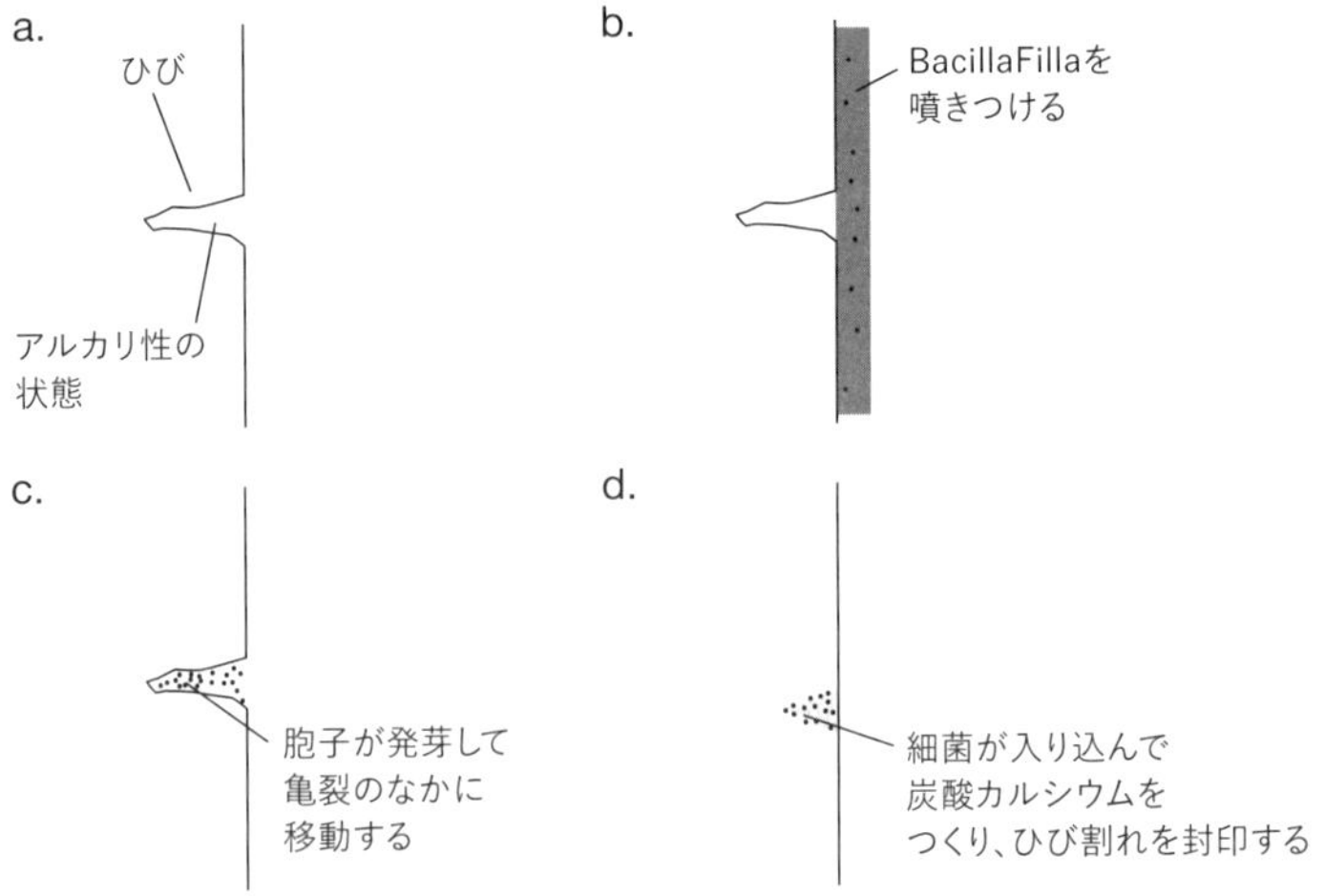

図22　「BacillaFilla《バシラフィラ》」のアイデア。炭酸カルシウム（石灰石）をつくる化学的に架橋された細菌をスプレーし、ひび割れたコンクリートを補修する。

在していることを検知する定足数検知システムに基づいていることを表している。発芽した細菌があると、合成モジュールは細菌をフィラメント状にして細菌の「接着剤」を分泌し、細菌は固まりとなって炭酸カルシウムを分泌するようになる。そうしてひび割れ部分は、細菌が絡まり合って強化されたセメントで埋められる。このシステムは今のところ一部しか構築されていないため、実際にどの程度の有用性があるのかまだ明らかではない。また、遺伝子組み換え生物の利用に関する規制があるために、一般的な環境下での使用が許可されれるかどうかも現状ではわからない。しかし「BacillaFilla《バシラフィラ》」は、合成生物の小さな細胞剤を高層ビル規模の建物に応用できる可能性を示している。

現実的な合成生物学者たちは「BacillaFilla《バシラフィラ》」のようなシステムを設計することで建築分野での大きな第一歩を踏み出している。ただ最近では、もっと夢のあるタイプの学者たちもいて、彼らは特にエネルギーの管理や建物内部の空気の質を維持するために、建物の一部に生物の特徴をもたせることを考えている。なかにはもっと先を見据えていて、自己増殖型の建物の可能性について議論する者たちもいる。このようなあまりにも未来的な考えをどう捉えるかは難しい。過去にあった「みんながジェットパックを持っている」とか、「空飛ぶ車を持っている」という未来予測はほとんど当たらなかった。未来人のイメージは、従来とはまったく違う方向に向かう研究への意欲を刺激することも多いのだ。

DNA内のデータ保存

少なくとも先進国では、21世紀はデジタルデータを保存・伝送するためのインフラが巨大化し増大しているのが特徴である。世界のデジタルデータの量は約2ゼタ[*26]バイトと推定されており、今後も増加すると予想されているが、少なくとも重要なデータは、何らかの永久的な形でアーカイブする必要があるだろう。既存の電子記憶媒体や光学記憶媒体と比較して、DNAは1グラムあたり約0・1ゼタバイトという、非常に高密度で情報を保存できる。原理的には、インデックスを作成するための追加情報を含め、世界中のすべてのコンピューターにある全部のデジタル情報のコピーを、50グラム以下の一本鎖DNAに保存可能だ。これは、大きなコーヒーマグカップ1杯分の重さに相当する。「ソフトな」生物系が弱く脆いと思われるのとは対照的に、DNAはテープやディスクCDに比べて驚くほど安定しており、1万年以上も前に死んだ毛むくじゃらのマンモスのゲノムの約5分の4を解読できることが現在判明している。

デジタルテキストは1と0の文字列でコードされているので、AまたはC＝0、TまたはG＝1という規則を使えば、それをDNAに変換するのは簡単なことだ。原理的には、純粋な数学用語で表せばより効率的かもしれないが、このコードのおかげでGやCが密集した配列を回避するＤＮＡの設計ができるのである。ＧやＣの密集は、ＤＮＡの作成や配列解読を行う際に、実際的な問題を引き起こす。ジョージ・チャーチと彼のチームは、このアイデアを使って、チャーチの著書『*Regenesis : How Synthetic Biology Will Reinvent Nature and Ourselves*（再創成・・合成生物学はいかにして人と自然を創り出していくか）』のなかの５万３４２６語の文章と11枚のイラストをＤＮＡにコードした。文章は96の塩基データブロックに分割され、それぞれに配列の開始部位とインデックスコードがついていて、１５９の塩基対モジュールがつくられている。このようにして得られた配列のおかげで、モジュールを複製したり情報を復元するための配列を決定したりできる。すべての配列が得られたとき、インデックスコードは、データ配列を正しい順序で再構築することを可能にする。実際に彼のグループは、ＤＮＡから本を再構築できることを証明した。ほかのコード方式も試みられており、同様の成功を収めている。

ＤＮＡの合成と解読にかかるコストと時間のせいで頻繁にアクセスするデータを保存する従来のハードドライブに代わるものとしては、ＤＮＡストレージはばかばかしいほど高価になる。しかし、長期間残す必要がある重要なデータの保存には、このストレージは本

＊26　1ゼタバイトは、10億テラバイトもしくは10の21乗バイトに同じ。

領を発揮するだろう。従来の磁気メディア上のストレージでは、磁気が衰える5〜10年ごとにデータを更新する必要がある。5世紀以上といったような相当な長期間にわたって保存する場合は、DNAベースの方法の方が費用対効果が高いと試算されている。DNA自体はコンピューター技術が時代遅れになるという問題からは免れているが、これらのアーカイブの使用方法を数千年後の読み手に正確に伝えられるかが課題である。なぜならば、言語自体がその期間に大きく変化するからである。

コンピューティング

コンピューター科学者は、問題の大きさと、その解決方法をどれくらい速く見つけられるかに基準を置いて問題をクラス分けしている。リストの長さを2倍にすれば、単純に足し算にかかる時間が2倍になるというように、単に数字リストをつけ加えるような問題の多くは簡単に解決する。これがコンピューターサイエンスの言語でいうところの「P問題」である。しかし、サイズが大きくなると指数関数的に難しくなる問題もある。単純な数の集合(たとえば、-6, -4, 30, 45, 11, 9, -10)を与えられ、それらの部分集合がゼロになるかどうかを調べなければならないことを考えてみよう(この例では、部分集合とはたとえば

-6,-4,-10,11,9)。これは可能な部分集合を数え上げ、n^2-n-1(n=集合内の要素の数)を試行するという、最も手っとり速い計算方法でもうまくいく。このように、答えの検証は簡単だが、その答えを見つけるのにかかる時間は、おおよそnのべき乗にまで上る。要素が4個の集合の問題を解くのに11秒かかるとすると、16個の問題を解くのに18時間、20個の問題を解くのに12日、100個の問題を解くのには宇宙の年齢よりもはるかに長い時間がかかることになる。これらの「NP(非決定性多項式時間)問題」は、数字が本当に小さくなければ解けないため、何でもかんでも計算機で答えを出すことができるわけではないのだ。

先ほど議論した「NP問題」のような問題の多くは、ブルートフォースアタック[*27]によって可能性を手あたり次第チェックする必要があるが、一度に一つしか演算処理をしない場合は時間がかかる。コンピューター科学者が「超並列」と呼んでいる何千ものプロセッサーを搭載したマシンでさえ、問題が大きくなるにつれて処理しきれなくなってくる。しかし、1本の試験管のなかでは、何兆個もの分離されたDNA分子がランダムに衝突する。もしもDNAの結合という現象に数学的な問題をコードできれば、試験管のなかで数秒の間に

＊27　総当たり攻撃のこと。

驚異的な数の可能な解の探索が可能になるだろう。

１９９４年、レオナルド・エーデルマンは、「ＮＰ問題」を解く能力をもつ先駆的なＤＮＡベースのコンピューターを構築した。半導体でできた普通のコンピューターよりも速くはないが、その構想の重要な証明になった。エーデルマンが選んだ「ハミルトン閉路問題」は、一方向にしか進めない直線（ライン）で結ばれた点（ドット）の集合（数学用語では「有向グラフ」）から始まり、定義された入口のドットから出口のドットへとグラフを移動し、すべてのドットを正確に一度だけ訪れることができる閉路が存在するかどうかを問うものである（１３２ページ図23ａ）。この問題を解決するＤＮＡベースのコンピューターをつくるために、エーデルマンはグラフの各ドットを「ドットラベル」と呼ばれる特定の20塩基の配列で表した。彼はまた、二つのドットの間のラインを20塩基の配列で表した。この配列は、「ドットラベル」の最後の10塩基で始まり、最初の10塩基で終わる（１３２ページ図23ｂ）。一方向に移動可能な1本のラインは、一方向にしか移動しないライン2本に分けられ、それぞれコードされた。最初のドットと最終のドットに関しては、ラインは「ドットラベル」全体で表わされた。そして最後にすべての「ドットラベル」の相補的なコピーが作成された。それはつまり、二本鎖ＤＮＡをつくるために、その「ドットラベル」と並ぶ可能性があるＤＮＡ配列となるということだ。

計算を実行するためにエーデルマンは、ラインを表す全部のＤＮＡ配列と、その「ドットラベル」に相補的なすべての配列を混ぜ合わせた。彼の小さな試験管のなかでさえも、10兆個以上のＤＮＡがランダムに衝突し、可能なところでペアリングして二本鎖をつくっていた。これだけの数があれば、可能な組み合わせ全部が何度も試されることになる。２本のラインがドットで一緒になった場所では「ドットラベル」の相補的なＤＮＡ配列は、ラインラベルを並べて貼りつける。もしも最初から最後まで完全な閉路が存在する場合は、その閉路は、すべてのラインが正しい順序でドットラベルによってくっついた完全な長さのＤＮＡとして提示される（１３２ページ図23ｃ）。反応の最後では、開始ドットと終了ドットのドットラベルを表すＤＮＡの断片をＰＣＲという反復複製の手法によって増幅し、得られたＤＮＡの断片を電気泳動[*28]により大きさに応じて分離した。20^n個の塩基（ｎ＝ドット数）に対応するバンドの存在は、正しいステップ数だけ閉路があることを示したが、それ自体は各ステップが１回だけ使用されていることを証明するものではなかった。これは、一本鎖ＤＮＡがすべての相補的な「ドットラベル」を結合できるかというテストで検証された。各ステップが正確に一度だけ使用されたことを証明するには、適正なステップ数を示す配

＊28　分子ごとに電荷が違うことを利用して分子の大きさや性質を判別する手法。ＤＮＡの場合は構成単位ごとに存在するリン酸骨格が負電荷を帯びているため、電気泳動により大きさを判断することができる。

列の長さと、各ステップが少なくとも一度は使用されたことの証拠を組み合わせれば十分である。

約1週間かかったこの方法は、デスクトップコンピュータで問題を解くことに比べればはるかに手間がかかるのは明らかだ。少なくとも現在つくられているDNAコンピューターは、汎用というよりは特定のタスクの

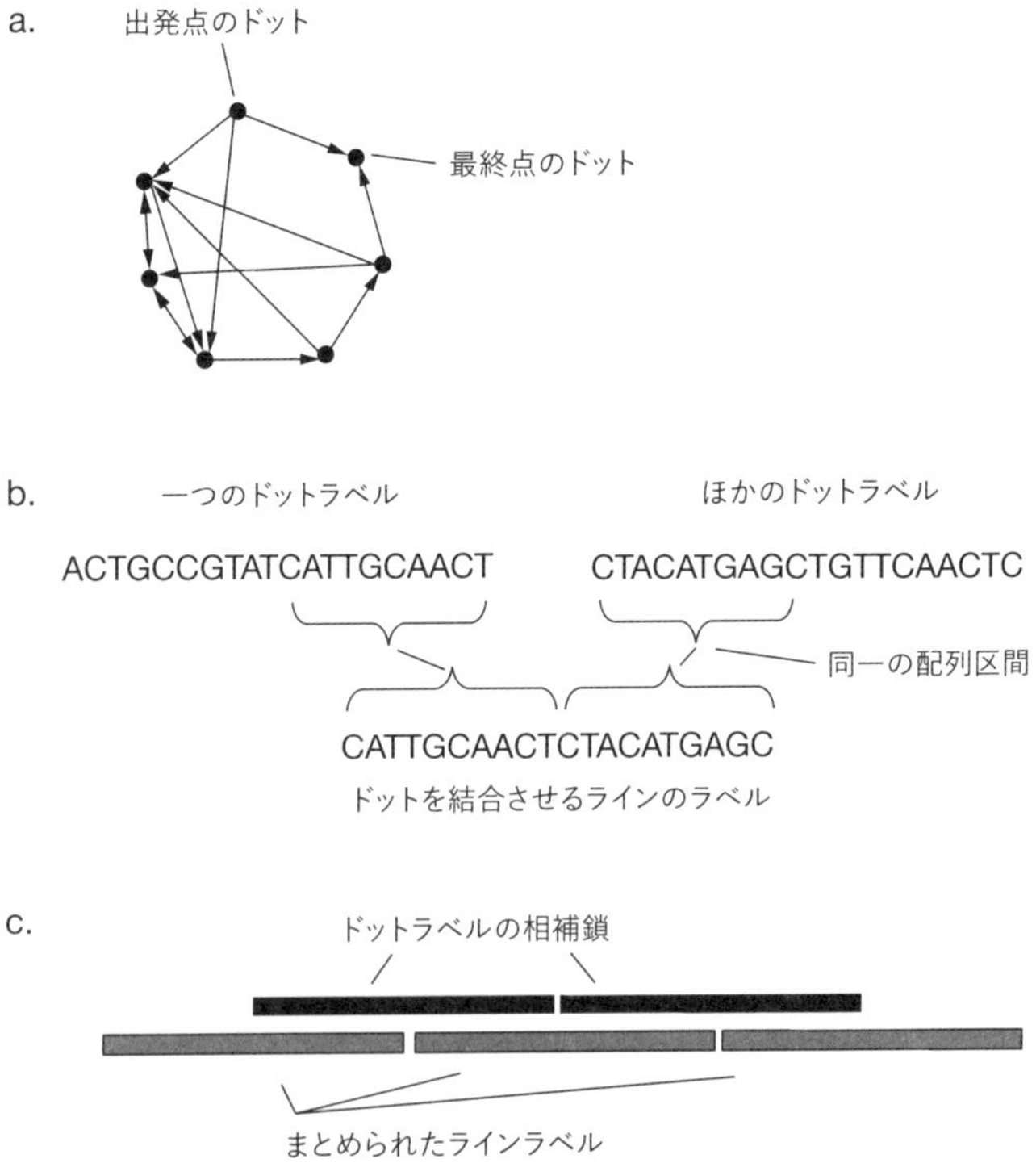

図23　DNAを使った計算。(a)は「ハミルトン閉路問題」(b)は一本鎖DNAでドットやラインを表現する方法　(c)は塩基のペアが、システムを形成するパスを表す長い連結体をどのように生成するかを示している。

ために カスタム設計されており、エラー率は電子コンピューターに比べるとはるかに高い。しかし、原理的に言えばかなり大きな「ハミルトン閉路問題」は、DNA法でもデスクトップコンピューターとほぼ同じ時間で解けるかもしれない。また、特殊で手間をかける価値がある「NP問題」のなかには、DNAを使った計算が唯一の解答方法だというものもあるだろう。過去には、膨大な費用をかけて専用マシンを構築するに値する問題もあった。ブレッチリーパーク内の国立コンピューティング博物館にある、トミー・フラワーズが開発した世界初の暗号解読機「コロッサス」は、かつては秘密にされていたが、今では周知された例である。おそらくこれと同じように特化した後継機があるだろう。

暗号学

情報が何らかの媒体に書き込まれている限り、人々はそれを読める人物を制限しようとしてきたと思われる。早くも紀元前1500年には、メソポタミアの職人が、企業秘密を守るために粘土でつくった平たい板に文字列を暗号化しており、その1000年後にはギリシア人が、ステガノグラフィー技術（メッセージの隠蔽技術）を使ってメッセージの存在を隠していた。DNA上に保たれた情報に関しては、暗号化技術と隠蔽技術の両方が実現化されている。それにはさまざまな方式があるが、紙面の都合上ここでは手短に説明する。

暗号の古典的な問題は、どうやったらある人(アリス)が傍受者(イブ)に読まれないように友人(ボブ)にメッセージを送れるか、というものだ。写真やテキストの画像を送信する方法の一つは、アシシュ・ゲハーニと同僚らによって発明された。これは、何千ものピクセル(画素)に分割された二つの同一の「チップ」から始まり、各ピクセルには異なる短鎖DNAが1本搭載されている(このような「遺伝子チップ」は一般的なもので、[*29]マイクロアレイによる遺伝子発現解析用につくられている)。アリスとボブはそれぞれこの対のチップを一つずつ持っており、チップの詳細は秘密である必要はない。また、彼らはそれぞれ秘密にしておかなければならない長い一本鎖DNAのコピーを持っている。この長いDNAのなかには、T、C、Gの塩基のみを使用する短い塩基配列のペアが多数存在し、それぞれのペアは複数の「A」からなる短い「停止(ストール)」部分によって隣と分離されている。配列のペアは、それぞれ一つの「平文《ひらぶん》」配列と一つの「暗号文」配列で構成されており、これらの配列はDNAの秘密の部分だけが互いに関連している(図24)。各「暗号文」配列は、チップ上の配列と同じものである。アリスはまた短いDNAの断片のライブラリーを持っていて、それぞれが特定の「平文」配列に結合し、DNA複製反応を促進する。彼女は、塩基C、G、Aのみが利用可能な状態でDNA複製反応を実行するが、この反応はAの文字列に出合うと停止する。これはAに対応する相補的な鎖をつくるために必要なTが存在していないことによる。つまり、Aの文字列は「停止」シグナルとして作用する。さらに、彼女は感光性の高い特別な塩基を使用するが、その特別な塩基を保護するために暗闇のなかで反応を実行する。ライブラリー全体を長いDNAに追加してからコピーを実行し、コピーされたDNAをもとのDNAから分離すると、アリスは「平文c－暗号文c」ペアの集合体をもつようになる。「暗号文c」は感光性である(下付文字のcは相補的なDNA鎖を示し、元のDNAに結合できる)。

アリスが自分のチップに「平文c－暗号文c」のペア

＊29　インクジェット印刷におけるマイクロサイズの間隔で色素を配置する技術を応用し、色素の代わりに短鎖DNAが並んだ構造物のこと。

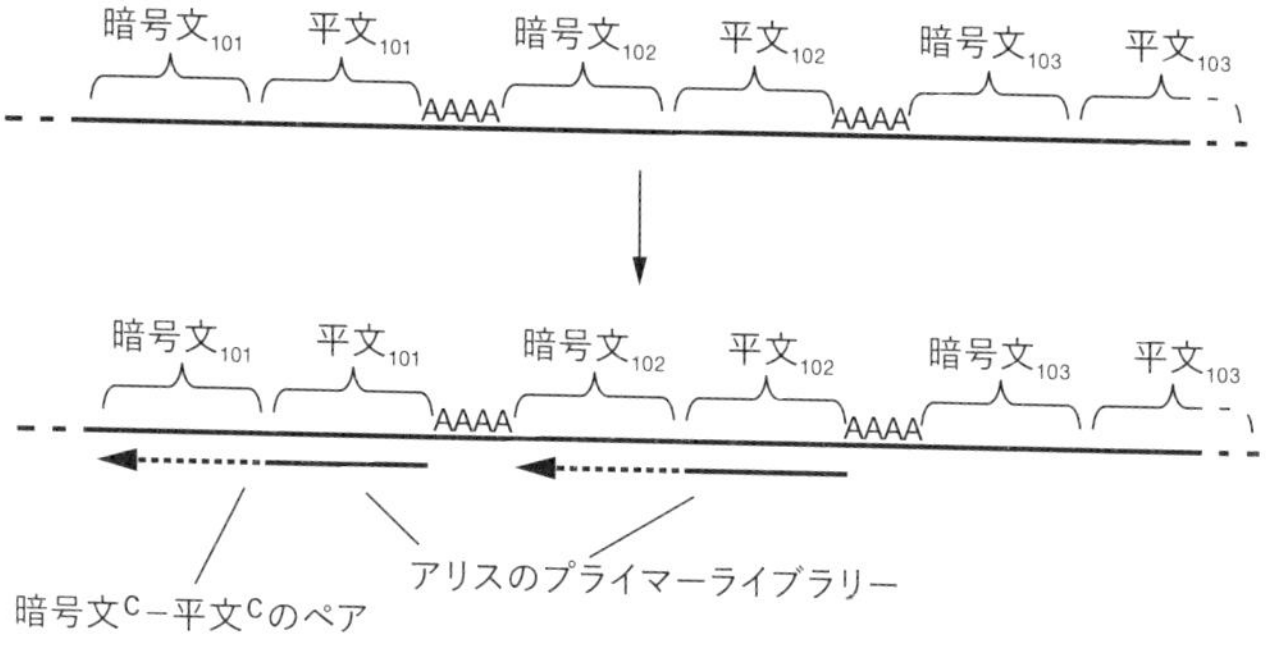

図24　画像のDNA暗号化：その1。アリスは短いDNAの断片のライブラリーを使って「平文c-暗号文c」のペアをつくる。

の混合物を加えると、そのDNA鎖はチップ上の固定された相補的なDNA鎖と結合する。その後、アリスは自分の秘密の画像をチップに投影する。画像の暗い部分ではペアは生き残り、明るい部分では光がDNAを切断して、「平文^{c}」のDNA鎖が解き放たれる（図25）。アリスはこれらを集めてボブに送信する。その後、彼女はチップを加熱してすべての「暗号文^{c}」を取り除き、それらを破棄する。

ボブはアリスから送信されてきた「平文^{c}」のDNA鎖を受け取ると、それらを使用して自分の秘密の長鎖DNAのコピー上でDNA複製反応を開始し、再びC、G、Aだけを使用して、停止

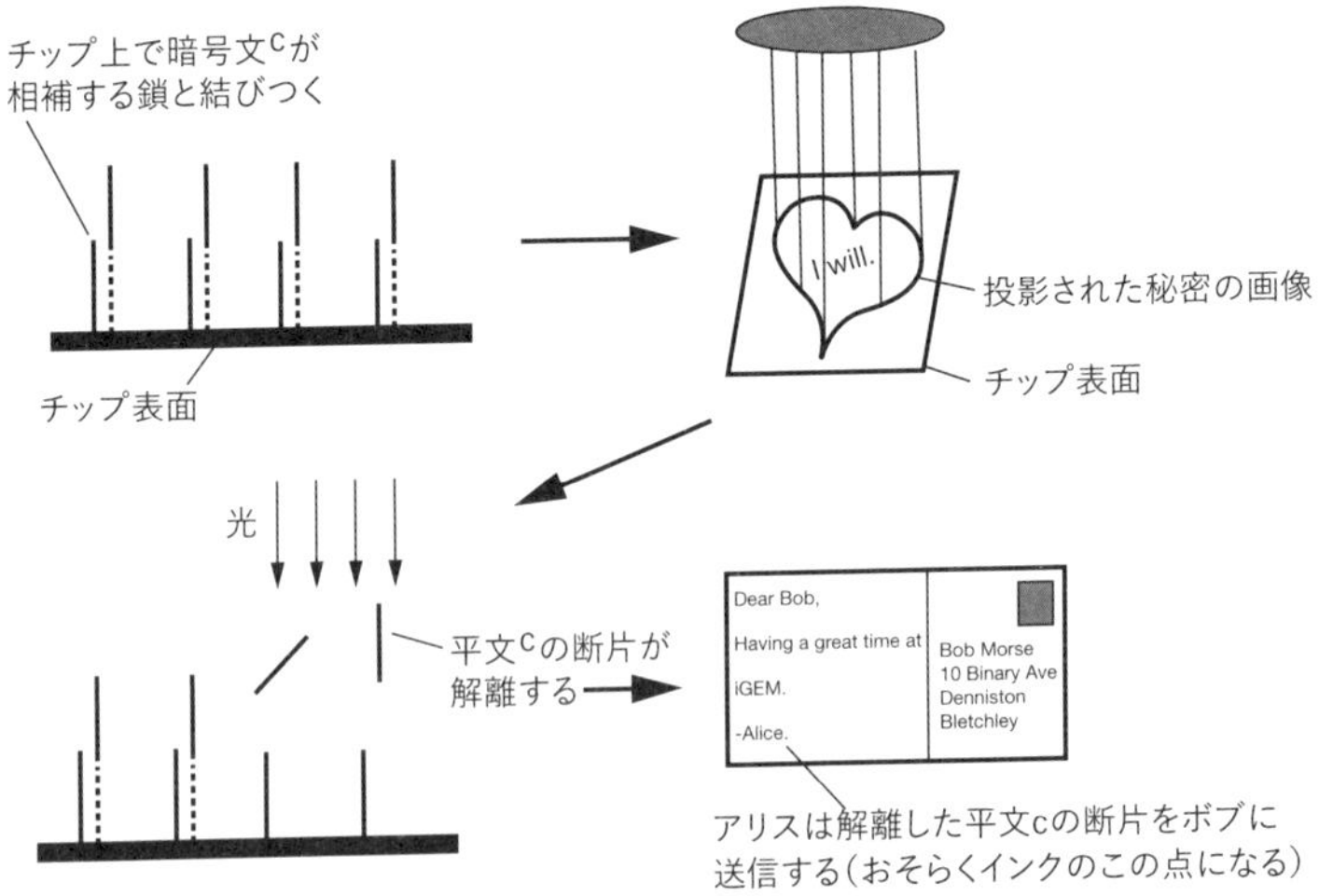

チップ上で暗号文^{c}が
相補する鎖と結びつく
チップ表面
I will.
投影された秘密の画像
チップ表面
光
平文^{c}の断片が
解離する
Dear Bob,
Having a great time at
iGEM.
-Alice.
Bob Morse
10 Binary Ave
Denniston
Bletchley
アリスは解離した平文cの断片をボブに
送信する（おそらくインクのこの点になる）

図25　画像のDNA暗号化：その2。アリスは自分のチップに「平文^{c}-暗号文^{c}」の混合体を適用し、秘密の画像を投影して解放された「平文^{c}」を収集することによって、自分の画像を暗号化する。

信号を作動させる。彼は光に敏感な塩基は使わず、代わりに蛍光性の塩基を使う。ボブは、アリスが用いた画像の光を受けた部分に由来する「平文^{c}」のDNA鎖だけを受け取っているので、彼が行う複製反応は画像の光の部分に相当する「平文^{c}－暗号文^{c}」のペアだけで起こる。彼がこの処理を自分のチップに行い、紫外線を照射すると、蛍光の写真が浮き上がってくる。この像を撮影すると、元の画像が現れる仕組みだ（図26）。

もしもアリスが送った「平文」のDNAのメッセージがイブに傍受されても、それらには何の意味もない。イブがチップを盗んだとしても、チップと一致するのは「平文」ではなく「暗号文」なので、これもまた何の意味もない。アリスとボブが「鍵（キー）」となる長鎖DNAかチップのどちらかを安全に保管している限り、彼らのメッセージはイブの詮

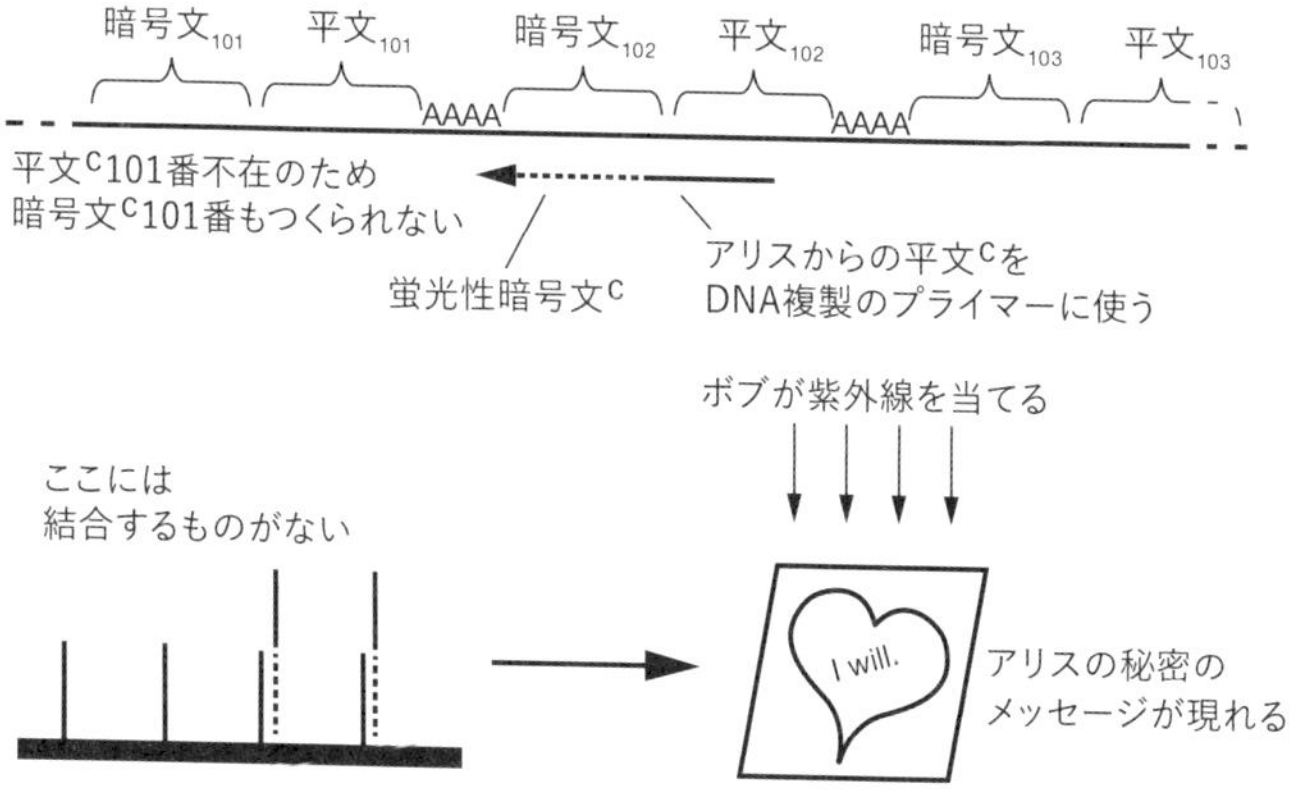

図26　画像のDNA暗号化：その3。ボブがアリスのメッセージを解読する。

索からは守られる。オンライン決済でカード情報を転送するために使用されるようなパブリックキー方式（公開鍵暗号方式）に基づいたものもいくつかあるが、ボブとアリスはシークレットキーの同一コピーを保持する必要はない。

ＤＮＡは、ＤＮＡベースのコンピューティングに基づいて、別の方法で暗号化の様相を変えるかもしれない。標準的な暗号技術では、「平文」を「暗号文」に変換するためにキーを使用する。うまく設計されたシステムでは、キーを計算するには、完全に非現実的な数のメッセージを分析する必要があるが、可能なすべてのキーを試すブルートフォースアタックを受ける余地が残っている。この余地が残るからこそ、アメリカのＤＥＳ（データ暗号化標準）などに基づくシステムを解読するための専門のコンピューターが構築されてきた。そういったコンピューターには、この非常に短いキー（56ビット）を使用している暗号化である必要があった。もっと長いキーを使用すると、計算負荷が非常に大きくなるからだ。しかし、これまで見てきたように、ＤＮＡの試験管は並行して動作する何兆もの演算器を提供することができる。現在では、56ビットのＤＥＳを数日で解読し、より長いキーにもそれほど時間をかけずに対応可能と期待されるＤＮＡベースのコンピューターの設計が発表されている。おそらく、ほかの暗号化方式にも対応可能なバージョンも構築できるだろう。政府機関は、斬新で高価な暗号解読マシンを構築してもその成果を公表しないため、実際にそれが構築されたかどうか確かではない。また、構築されていたとしてもＤＮＡによる計算のエラー率が高すぎて、機能するのかどうかもわからない。ＤＮＡには、量子計算もある。もしもどちらかが機能するようになれば、秘密を守りたい者とその秘密を暴きたい者の間のパワーバランスを大きく変えることになるだろう。

6

基礎研究のための合成生物学

合成生物学は、遺伝子やタンパク質、生細胞、組織の機能に関する膨大な基礎知識のうえに築かれてきた。基礎研究を糧にして発達してきた合成生物学は、科学への恩返しを始めるまでに成熟し、今や自然に存在する生命システムの解析、仮説や考察の検証における最先端のツールを提供するまでに至っている。この章では、そのなかからいくつか興味深い内容を紹介したい。

探求のためのツール

生物学者は、非常に小さな細胞の仕組みを細胞と比べると巨大ともいえる測定機器で調べるという大きさのミスマッチに長い間不満を抱いていた。たとえば、ニューロンの電気[*30]システムは、ナノスケールの膜タンパク質をベースとしているのに、ニューロン発火の測定や開始には通常サイズの針に通した電流を利用している。針の位置を調整するのは難しく、実験用の動物の意識が正常なときに行うと、針によって正常な行動が妨害されてしまう可能性がある。また、より高等な動物の脳に針を刺すことについては、明らかに倫理的な問題が生じる。実験者がマイクロスケールで狙いを定めて分析に利用できるものの一つに光があるが、残念ながらほとんどの神経細胞は光に反応しないし、光をつくりだしもしない。合成生物学は、ナノスケールのタンパク質をベースとしたデバイスを細胞内に配置させ、光を神経発火に変換したり、神経発火を光に変換したりして報告させる手段を提供している。

ダニエル・ホックバウムと彼の同僚たちは、光で活性化された発火をニューロンで発生させるために、まずは藻類のScherffelia《シェルフェリア》 dubia《デュビア》由来の光感受性の高い「sdChR」イオンチャネルタンパク質を利用し、青色光に非常にすばやく反応するような改変を行った。改変されたタンパク質「CheRiff」はニューロンでは発現するが、暗闇では何の機能もしない。しかし、ブルーライトに照らされると、細胞膜内にイオンの通り道が開いてイオンが流れるようになり、細胞膜の電圧が変化してニューロン発火が始まる（144ページ図27a）。

バクテリアの一部に存在するアーキロドプシンのような自然界にある光センサータンパク質のなかには弱い蛍光性をもち、その蛍光の強さがタンパク質が位置している膜を横切る電圧に左右されるものがある。おおもとのアーキロドプシンは、蛍光性を測定するために光を照射すると膜の電圧が変化するという厄介な特徴をもっている。そのため、ホックバウムと同僚たちはアーキロドプシンを改変して、電圧を変更することなく1ミリ秒未満

＊30　電気信号によりニューロンが情報伝達をしていることを意味している。

で電圧の変化に反応し、蛍光によって電圧値を報告させるようにした。これで改変されたアーキロドプシンは、従来の針を使った測定方法と同じくらい高速で電圧の変化を測定できるようになった。彼らはこのタンパク質を「QuasAr」と呼んだ（図27b）。次に、光を電圧に変換するタンパク質「CheRiff」と、電圧を光に変換するタンパク質「QuasAr」の両方をコードする遺伝子をセットにして、動物細胞に導入できる合成生物学的なモジュールをつくった。この合成モジュールを簡単な細胞培養のニューロンに配置し、針や光で制御して測定したところ、この合成生物学的デバイスは、従来のものとほぼ同等の性能を示し、しかも針を必要としないという利点もあった。このシステムはその後、培養液中の脳の断片で動作している神経回路を実際に測定するために使われた。

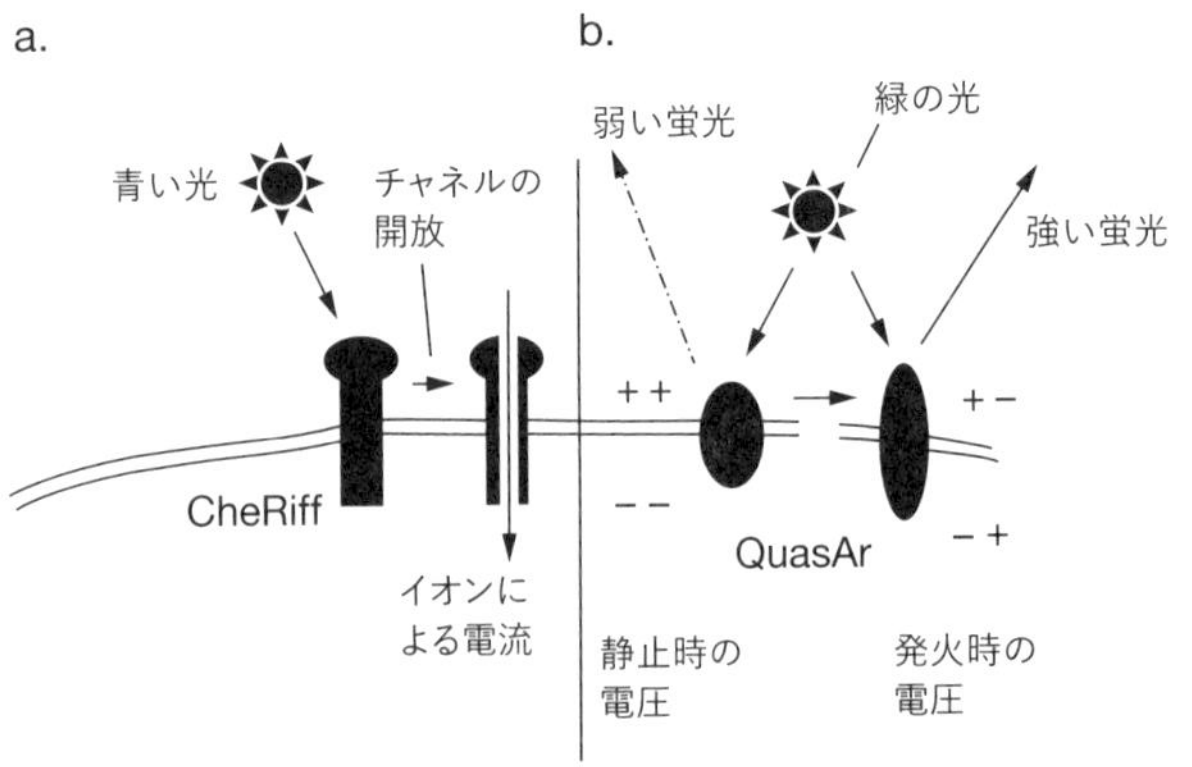

図27　光を利用した神経細胞活動の活性化と測定。（a）はCheRiff（光を電圧にするタンパク質）の作用を示し、（b）はQuasAr（電圧を光にするタンパク質）の作用を示す。

生きている動物の特定のニューロン発火の制御する能力は、動物生理学と行動についての仮説を検証するために使用されている。Caenorhabditis《カノエラブディティス》 elegans《エレガンス》（エレガンス線虫）は、小さくて透明な丸っこい糸状の虫で、その神経系の配線図全体が解明されているほど単純である。２０１１年には、二つの別々の研究室が線虫の神経系の機能に関する考察を検証するためのツールとしてつくられた合成生物学的デバイスについての研究論文を発表した。どちらの研究室のデバイスも線虫内に存在する特定のニューロンに光感受性を与え、異なる色の照明を照射することで発火の活性化と抑制の両方が可能となった。研究者たちは、コンピューター制御の顕微鏡システムを構築し、さらに自由に動きまわる線虫中の特定のニューロンを追跡して標的にできるようにした。最先端のマシンビジョンの専門家と合成生物学者のコラボレーションの結果、事実上の「リモートコントロール線虫」が誕生した。光のパルスを使ってニューロンを発火させ、三角形の道をぐるぐる移動させたりするなど、実験者が好きな方向に線虫を操れるようになった（１４６ページ図28）。このようにニューロン発火と線虫の動きの間に関連性があることが実証されたことで、線虫の神経系がどのように機能するかについて試験的な考察が検証されることになった。このアイデアはその後、ショウジョウバエなどのほかの小さな動物にも応用されている。

神経発火の光制御は、高等動物の生理学についての考察を検証するためにも使用できる。社会的に重要な問題の一つは、中毒症の生理学的根拠である。常習行為が、合法的なものから違法的なものまで非常に多様な薬物や行動に共通していることを考えると、薬物依存症は薬物そのものではなく、薬物が脳に与える影響に起因するものであると、何年も前に理論化されている。その原因は外部トリガーに反応して脳がつくる、快楽に関連する神経伝達物質である。「内的中毒」の分子の一つの要因として挙げられるのは、脳の腹側被蓋領域にあるドーパミンである。最近の論文によるとヴィンセント・パスコリと同僚たちは、光を神経の発火に変換するタンパク質を含む合成生物学的モジュールをマウスに導入した。この検証は、腹側被蓋領域のドーパミンを生

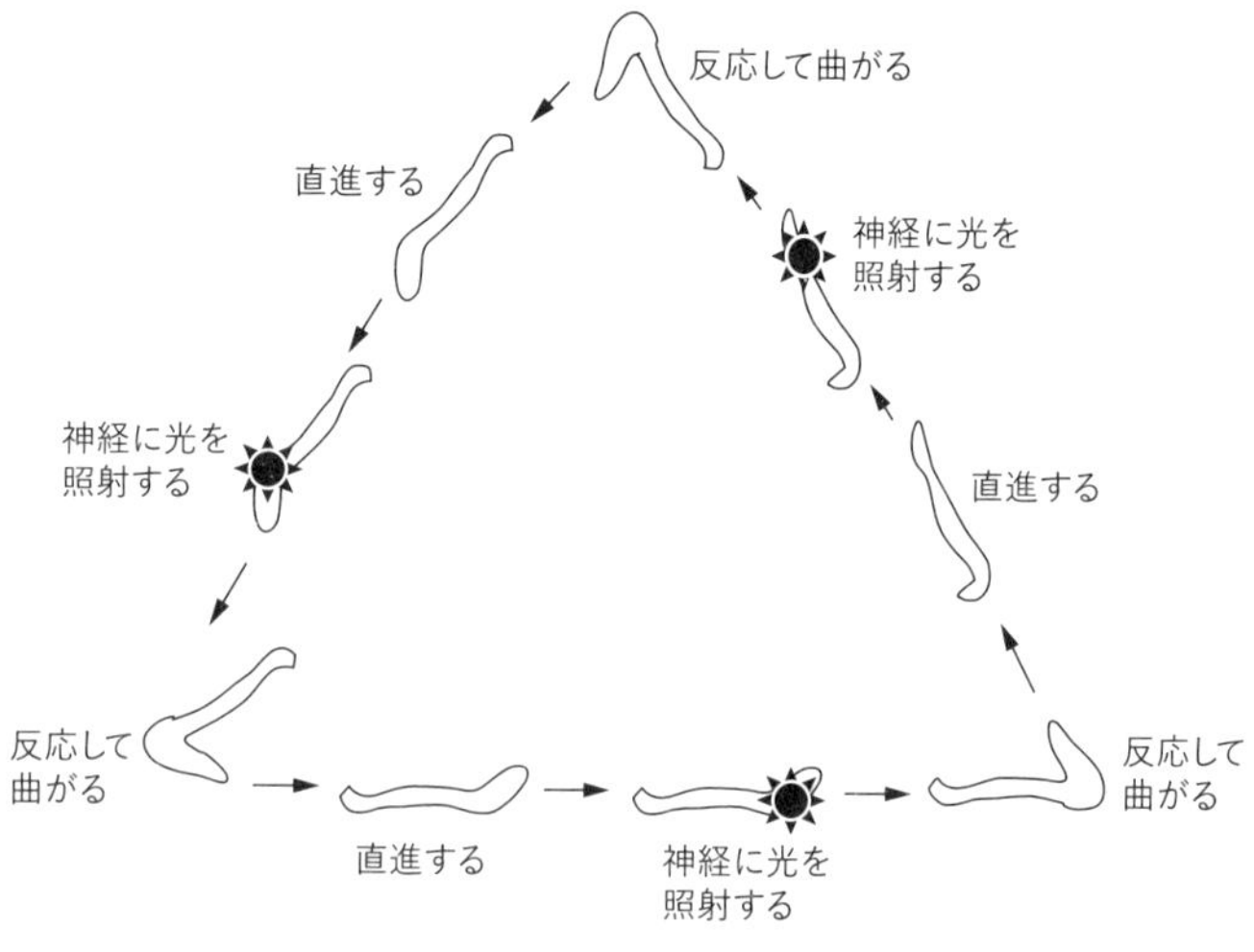

図28　光に誘発された特定のニューロンの発火を利用した線虫の「遠隔操作」。

成するニューロンでは活性化するが、ほかの場所では絶対に活性化しないようにする遺伝子再配置システムと結合させることによって行われた。彼らはまた外科手術を施して、電子機器からの光を脳のドーパミンを生成する領域に導ける光ファイバーを導入した。マウスは、複数のレバーが存在する場所に入れられ、マウスがあるレバーを押すと、そのレバーは機器と通信して脳内に光のパルスを送り、ドーパミンを生成するニューロンを活性化させた。すぐにマウスはそこにあるほかのレバーを無視して、脳内に光のパルスを送るレバーだけを押すことを覚えた。そしてそれは最初の1時間以内で、1日の限界である80回に達した。レバーを押して軽い電気ショックを受け、レバーを避けるようになるマウスもいれば、押し続けるマウスもいた。実験者たちがマウスに見たものは、悲惨な結果が待っているもかかわらず、それを止められない、中毒に陥った人間の行動とよく似ているものだった。この研究には、本書で紹介している以上に多くの成果があった。その一つは、動物は実際にドーパミンを生成するニューロンを直接刺激すると中毒になることがあり、これがニューロンを刺激するコカインのような薬物中毒のメカニズムである可能性を示唆しているということだ。

合成生物学の技術の利用は、もはや神経科学の域をはるかに超えている。発生生物学者は、初期胚のどの細胞が後期胚や成体でどんな構造をつくるのかという点に関心をもっている。この疑問に答えることは、基本的な生物学の理解と再生医療の技術発展の両方にとって非常に重要だ。体のある部分を再生したいと思うなら、初期胚がどこから発生したのかを知るのは大きな助けになるからである。細胞が身体のどの部分になっていくのかを解明するためには、まず系統追跡を行う必要がある。すなわち、胚発生のある段階で一つの細胞に永久的で不変な、いわゆる遺伝的なマークを導入してから発達を促し、成体のどの構造がそのマークをもっているかをマッピングするのだ。このプロセスには非常に手間がかかる。というのは、マッピングを行うには一つの細胞だけをマーキングすることが必須条件であるため、多くの細胞系統を追跡するには非常に多くの胚が必要になるからである。

ステファニー・シュミットと同僚たちによって最近開発された合成生物学のツールを使えば、多くの系統を並行して扱うことができるため、系統追跡は以前に比べ格段容易になった。このツールは、先に説明したＤＮＡ編集のＣＲＩＳＰＲシステムを利用している。このシステムもまた、エレガンス線虫を利用して検証され、victim《ヴィクティム》 gene《ジーン》（不活性な対象遺伝子）をゲノムに導入している。

ＣＲＩＳＰＲにおけるＤＮＡ編集酵素であるＣａｓタンパク質と、この酵素を対象遺伝子の10カ所の異なる部位に誘導するｇＲＮＡを一緒に線虫の卵に注入する。酵素が活性化すると、ある部位で対象遺伝子を切断し、切断された部分は自己修復する。修復が完全に行われるともとの配列が再び現れ、再び切断される。修復が不完全な場合は、CRISPRがこのモードで使用されている場合が多いが、改変されたDNA配列は「傷跡」として残る。なぜならば、この配列はもはやどのgRNAとも一致しないため、その部位は永久的に編集不可能なマークとして残されることになるからだ。修復で発生するエラーは本質的にランダムなため、10個のCRISPRターゲットのうち、どれが「傷跡」となったか、また各「傷跡」で発生したエラーが何であったかによって、それぞれ違う細胞が異なる「傷跡」のセットを確保できる。これにより、各細胞にはそのすべての娘細胞に渡すことができる独自の「バーコード」が与えられる。アクティブなCRISPR複合体が残っている限り、ある細胞の娘細胞が自分の娘細胞に引き継ぐために独自のラベルを追加できるように、バーコード化は継続される（150ページ図29）。この胚から発生した線虫の組織を解剖し、各細胞の「バーコード」を配列すれば、その「家系図」を卵子に至るまでさかのぼることが可能になる。

注目すべきは、研究ツールとしての合成生物学的デバイスが合成生物学の専門誌ではなく、生理学や神経科学など主流の学術誌に掲載されるのが多いことだ。分子生物学でも何年も前に同じような動きがあったが、これはある分野が成熟して単に人の好奇心を刺激するものから、別の分野に欠かせないツールになってきているというサインでもある。

理解を検証するための構築

1912年発刊のステファン・ルドゥックの著書『*La Biologie Synthéti-que*（合成生物学）』のなかでルドゥックは、「ある現象を生体内で観察し、自分がそれを理解していると信じているなら、自分で再現できるはずだ」と記している。数十年後、物理学者リチャード・ファインマンは「つくれないもののことは、わからない」と述べている。どちらの言葉も「自分は生物学を理解していると思い込んでいるだけではない」ことを証明するという、合成生物学の利用における非常に重要な精神を捉えている。

通常、生物学[*31]的なメカニズムの発見は、記述、相関、摂動の三段階で進む（たまに

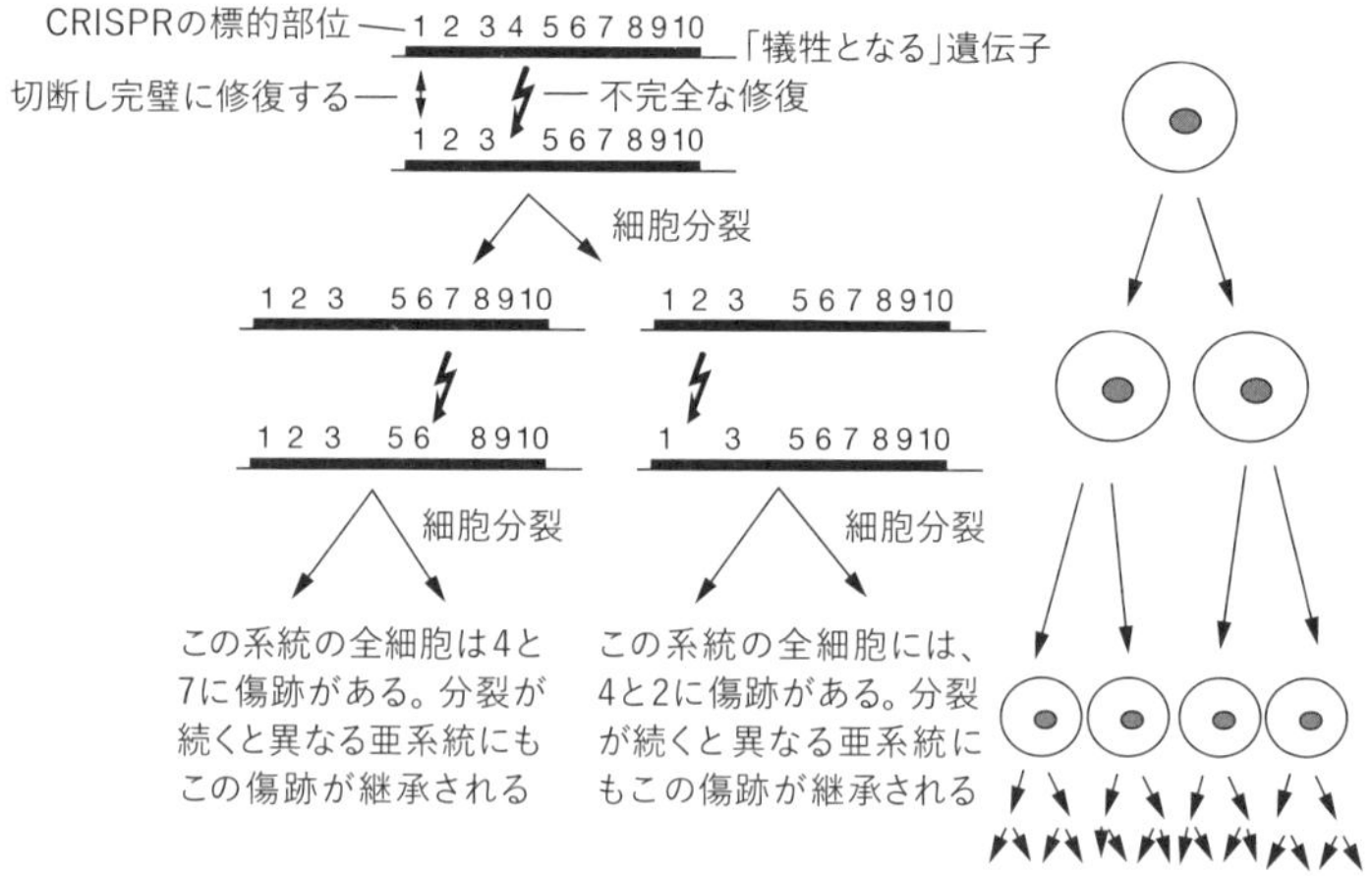

図29　ステファニー・シュミットのバーコードシステム。エラーを起こしやすい編集によって、胚の細胞に遺伝性のあるDNAの「バーコード」を移植することで、細胞分裂の「家系図」を再構築することが容易になる。

順序が異なることもある)。記述とは、ある生物学的プロセスが進行しているときの事象の順序を立証するために行う、入念な研究のことである。たとえば、発生学者は特定の器官の形成中に起こる解剖学的変化の順序を記述するだろうし、分子生物学者はその過程でさまざまな細胞種のなかにどのような遺伝子やタンパク質が出入りしているかをカタログ化するだろう。そして、これらの分子と解剖学的変化が示す相関関係から、たとえば、「タンパク質P、Q、R……が関与するメカニズムの結果、事象Eが発生する」という仮説が立てられる。この仮説はわずかな力を加えて意図的に撹乱《かくらん》を起こすことで、限られた範囲ではあるがこの仮設を検証することができる。もしも何かが、タンパク質P、またはQ、またはRの作用を阻害した場合、事象Eは発生しなくなるのかを検証するのだ。

この種の仮説検証は、これらのタンパク質がその事象の発生に必要であることを証明するのには十分であるが、仮説で提示された方法で機能する証明にはならない。また、ほかにも多くの分子が変化しているもとのシステム自体の複雑さが、メカニズムの検証を困難にしている。合成生物学では、細胞に関するほかのすべてが同じ状態のままで、合成生物学的構築物から生成されて提示されたメカニズムをもつタンパク質のみが変化するシステ

＊31　わずかな力を加えて意図的にシステムに撹乱を起こすこと。本文中の意味合いでは生命システムを構成する要素の量を外的要因によって変化させること。

ムを構築することによって、仮説で提示されたメカニズムを検証できる。合成生物学を発生生物学の問題に応用した初期の段階で、エリス・カシャットと私はこれを厳密に実行し、すでに提示されていた混合細胞が自発的に大規模なパターンに組織化できるというメカニズムを検証した（図30）。

胚組織のパターニングに関する長年の理論は、1938年、アルバート・ダルクによって定義された。これは、胚の一部はシグナル分子を分泌し、そのシグナル分子が胚から広がって濃度勾配を形成し、ほかの細胞の行く末は、胚が検出した場所の濃度によって決定されるというものだ（図31a）。さまざまな発生生物学者が実際の胚でこのメカニズムを模索し、一致すると思われる例をいくつか発見してきた。しかし、胚の複雑さを考えると、この単純なシステムさえあればパターンを説明できると考えるのは難しい。この理論が実際に生物内においても原理的に

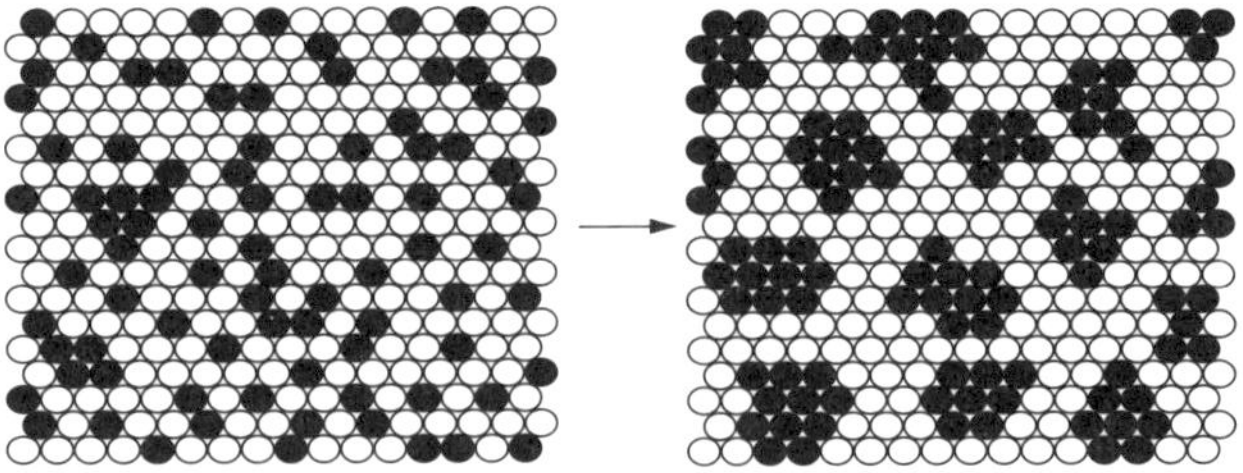

図30　合成生物学的パターニングシステム。活性化すると、細胞に多様な接着分子（図では黒と白の細胞で示されている）が生成され、その接着力によって細胞が動物の表皮のようなパッチのパターンを形成する。

成り立つことを示すために、スバユ・バスと同僚のチームと、デビッド・グレバーとマーティン・フッセンネッガーのチームが、胚に見られる遺伝子ネットワーク構造に着想を得た三つの合成遺伝子ネットワークを使って細菌を改変した。いずれの場合も、ネットワークは本物の哺乳類のシグナル分子ではなく小分子を検出し、発生事象ではなくレポータータンパク質の活性化を出力した。これは、ほかの複雑な要因がない状態でネットワークの基本的なパターニング機能を検証できるということだ。バスの構築物を例にとると、ネットワーク

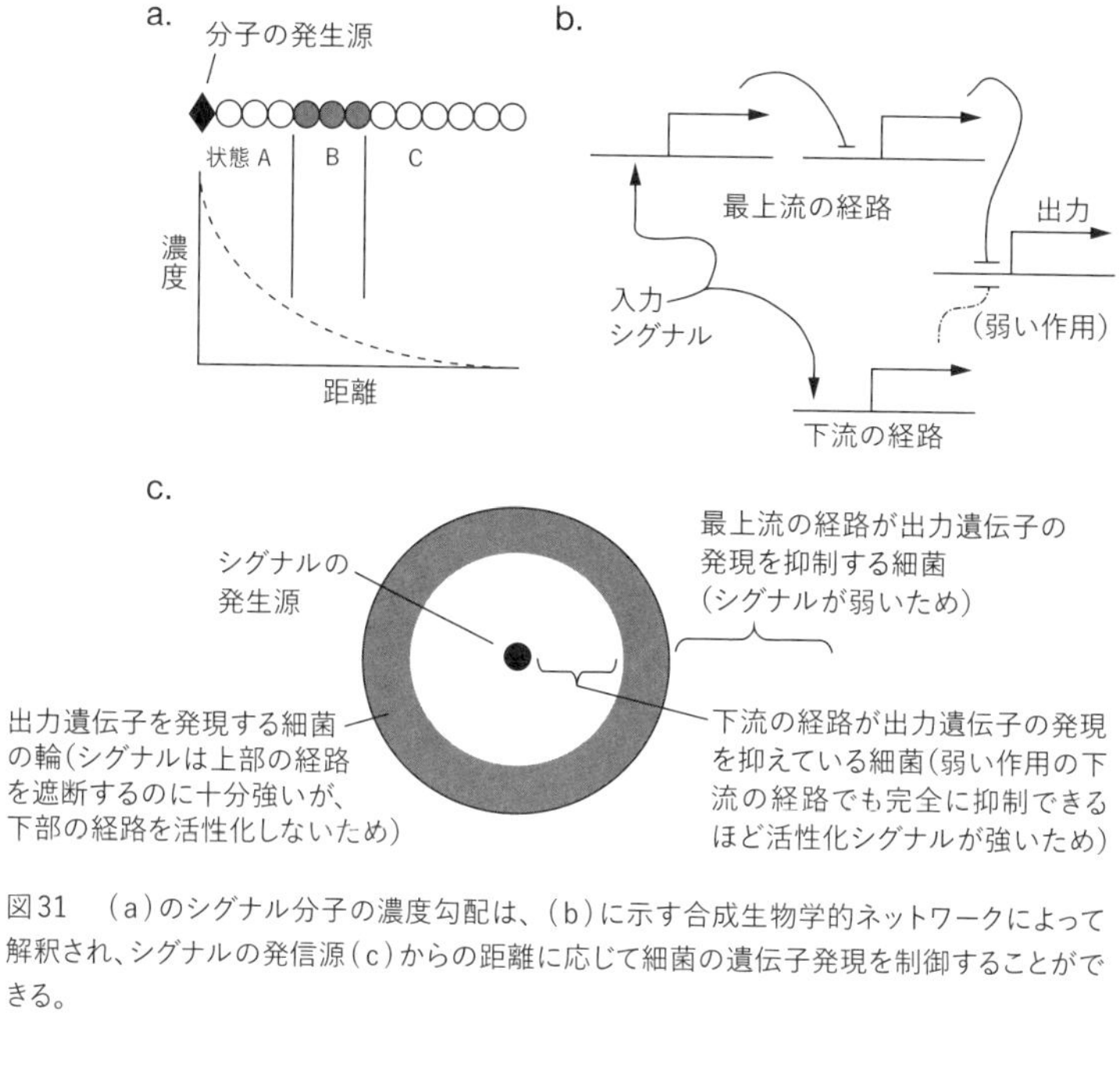

図31　(a)のシグナル分子の濃度勾配は、(b)に示す合成生物学的ネットワークによって解釈され、シグナルの発信源(c)からの距離に応じて細菌の遺伝子発現を制御することができる。

はシグナル分子から出力遺伝子までの二つの経路がある(153ページ図31b)。最上流の経路は「二重の抑制」で、シグナル分子は次の遺伝子の発現を阻害する遺伝子の発現を引き起こす。それは同様に最終的な出力遺伝子の発現を阻害することになる。シグナルが存在しない場合、この最上流の経路は出力遺伝子を阻害するが、シグナルが存在する場合は阻害せず、出力はオンになる。下流の経路では、信号の存在がスイッチ駆動を行うと遺伝子が発現し、それが出力遺伝子の発現を抑制する。極めて重要なことに、下流の経路には、うまく機能するために高濃度のシグナル分子を必要とする、極めて非効率的な阻害因子が含まれていた。つまり、あるシグナル濃度では最上流の経路をうまく機能させて出力遺伝子を発現させるシグナルが存在するが、下流の経路をうまく機能させて出力遺伝子を発現させないシグナルは不足していたということだ。このように、シグナル分子の濃度勾配を人為的に再現した培地上で増殖させた遺伝子回路をもつ細菌の集団は、遺伝子発現のストライプを形成したが、濃度が高くもなく低くもない中程度の場所でのみ遺伝子発現が見られたのだった(153ページ図31c)。このように合成生物学を利用することで、研究に新たな段階を加え、「記述、相関、摂動、合成」という一連の流れを実現することができる。

原理的には、このアプローチは非常に広範囲な問題に適用できる。しかし、合成のステップが示しているのは、自然のシステムから引き出されたアイデアが「原理的には」機能するということは心しておかなければならない。そのメカニズムだけが自然のシステムを動かしていることを実際に証明するものではない。賢明な科学者であれば、まったく考えてもみなかったことが起こる可能性があることを常に心にとどめておかなければならない。生物学には、常に合理的な疑いを挟む余地があるのだ。

　生物学の礎となるのは、「種の性格はゲノムと環境の両方によって決まる」ということだ。したがって、同じ環境下なら二つの種の違いは遺伝子だけで決まるはずだ。この仮説は、２０１０年にダン・ギブソン（62ページ「ギブソン・アセンブリー」参照）とその同僚による大がかりな実験で検証された。彼らは、実際のＤＮＡを物理的にコピーするのではなく、細菌のＤＮＡ配列の電子記録から必要な情報だけを取得して、小さな細菌Mycoplasma《マイコプラズマ》 mycoides《マイコイデス》のゲノムの完全なコピーを構築した。この細菌のもつゲノムは既知の生物のなかで最小ではあるが、その構築には１００万以上の塩基をつなぎ合わせなければならなかった。しかもその過程で、厳密な品質管理を幾度となく繰り返す必要があったため、この実験はまさに勢力を挙げて取り組んだ力作となった。合成バージョンのゲノムには、識別しやすくするために「透かし模様」に相当するＤＮＡ配列を追加するなど、細かな編集がいくつか施されていた。ゲノムの準備が整ったところで、それを別の種であるMycoplasma《マイコプラズマ》 capricolum《カプリコルム》の細胞に移植した。移植された細菌は「透かし模様」をもったまま順調に成長し、予測通りマイコバクテリウム・マイコイデスのような振る舞いをした。この新種の細菌は「Synthia《シンシア》」と呼ばれたが、多くのジャーナリストがこれを「生命の誕生」と誤解したせいで、当時はあちこちのメディアで大々的に取り上げられた。しかし、厳密には「生命の誕生」などではなく、結局のところ合成ゲノムが生きた細胞に移植されただけに過ぎない。ギブソンの先輩たちによるさまざまな発言をもってしても、この誤解を払拭するのは容易ではなかった。

ゲノムに関する仮説の検証を目的として行われた、より大規模な合成生物学的実験の例としては、Synthetic《シンセティック》 Yeast《イースト》 2.0「人工酵母菌ゲノム開発プロジェクト」(Sc2.0とも呼ばれる)が挙げられる。この国際共同研究の目的は、酵母にもとから存在する染色体をすべて合成染色体に置き換えることである。置き換えられたものは、一般的におおもとの染色体を編集し、機能が不明な「ジャンクＤＮＡ」の一部を取り除いたものである。その結果得られた細胞の生存率を調べることで、これらのＤＮＡ領域が本当に「ジャンクＤＮＡ」なのか、それとも私たちがまだ知らない生物学のある側面に必要なものなのかを確かめることができる。結果としては、後者のほうがより興味深いだろう。編集された置換ゲノムには、酵母の急速な変化と進化を可能にする合成生物学的デバイスが含まれており、進化と適応に関する理論を検証できるからだ。酵母のｔＲＮＡをコードするすべての遺伝子を、現在エジンバラ大学で構築されている酵母の人工染色体に組み込み、その後これらの遺伝子をすべてもとから酵母に存在する染色体から除去するという計画もある。これは、ｔＲＮＡ遺伝子の位置に関する仮説を検証するためのものである。基本的にはｔＲＮＡをコードする遺伝子は、不安定なＤＮＡの近くにあることが多いが、これはもとの位置が重要かどうかということを検証するためのものだ。また、このプロジェクトによって、自然界の生物が利用する20個のアミノ酸に加えて、新しいアミノ酸を組み込める酵母株をつくるためのｔＲＮＡの改変も可能になるだろう。

基礎科学では、実生活の研究から抽象化された設計が、合成システムとして実現されたときに正常に動作しなくても、工学でいうところの「失敗」にはならない。科学はしばしば、「機能するはず」のものが機能しないときにこそ最大の進歩を遂げることがある。干渉計でエーテルを介した地球の速度を測定することは、19世紀の物理学では「うまくいくはずだった」が、その失敗を説明しようとしたことがアインシュタインの相対性理論につながった。「失敗」は、私たちの分析が間違っていたこと、そしてまだ何か新しい発見があることを警告してくれる。生化学者からＳＦ作家に転身したアイザック・アシモフが言ったように、研究室で最もワクワクするのは、「わかった！」とだれかが大声で叫ぶのを聞くことではなく、「これはおかしい……」と小声でつぶやいているのを耳にすることなのだ。

7

生命をつくりだす

この本の初めのページで合成生物学には「二つの特質」があるという考え方を紹介した。一つは既存の生命に新たな機能をもたせることに焦点を当てたもの、もう一つは「新たに」生命をつくりだすことを目的としたものである。前者の方が産業的、環境的、医学的にも将来性があることから現在の努力と資金提供の大部分を集めている。だが、科学的にも哲学的にも長期にわたって社会に与える影響が大きいことを考えれば、「生命をつくりだす」という目標の方が極めて重要なのは間違いない。はるか昔、コペルニクスは「地球は宇宙の一部に過ぎず、中心ではない」と述べ、ダーウィンは「人間は動物であり、起源は同じだ」と述べている。つまり生命をつくりだすことは、彼らが提示した「生命はある特別な方法でできているとはいっても、結局はただの物質に過ぎない」という命題を徹底的に証明するための一つの方法なのだ。多くの科学者はすでにこのことを前提として研究を進めているが、いまだにそれが証明されたわけではない。だれかが非生物から生命をつくりだすまでは、おそらく証明されることはないのだろう。

生命を創造する理由

生命をつくりだすプロジェクトは、少なくとも三つの科学的な理由から重要だといえる。

一つは、生気論への反証だ。二つ目は、初期の地球の状況を実験室でシミュレーションして生命をつくることで、生命の起源についての仮説を検証できるからだ。第三の理由は、生命をゼロからつくりだそうとすれば、生命とは何かについてもっと多くのことを学べるからである。この深淵《しんえん》なる生物学的疑問は、いまだに大部分が解明されていない。

生命体と分類されるためには、みながみなそうと思うわけではないが以下の四つの特徴を示さなければならないということは、一般に広く認められていることである。

（Ⅰ）原材料とエネルギーの両方を利用する代謝を行う。

（Ⅱ）構造と機能を規定する情報を保存する。

（Ⅲ）すべてのものを一緒に保つための格納場所が存在する。

（Ⅳ）少なくとも一定数の集団をなすために自己複製を行う。

これらの基準は、特定の種類の構造や化学的性質を必要としない、抽象的な方法で慎重に表現されており、地球外生命体の候補に対しても同じように適用される。

生命をつくりだす研究には、二つのまったく異なるアプローチがある。「ソフト・オプション」は、既存の生物からタンパク質や遺伝子などの最小限の組み合わせを取りだし、それらをある種の膜のなかで組み合わせるものだ。もしもパーツが適切に選択されていれば、システムが調和して自己複製できるようになる。このアプローチは、私たちが細胞の生理を十分に理解しているかどうかを検証するのには有用であるが、既存の生物からの借りものが多すぎるため、「生命とは何か」という疑問の答えにはなり得ない。もっと極端なアプローチは単純な化学物質から始めて、創造的な思考以外は既存の生物から物理的なものは何も取りださずに、一から生命を創造していくというものだ。紙面の都合上、本章では後者のより野心的な目標にのみ焦点を当てることにする。

想定される生命の起源からのインスピレーション

ほぼ100年にわたり生命の起源に関する研究で優勢を保ってきたモデルは、1924年にアレクサンダー・オパーリンによって初めて明確に述べられた。このモデルは非常に単純なガスと塩によって引き起こされる化学反応が複雑で、炭素を含有する最初の有機分子を生成するところから始まる。このプロセスの実現の可能性は、1950年代にハロルド・ユリーとスタンレー・ミラー、そして彼らの研究に参画した研究者たちによって証明された。彼らは、初期の地球の大気の代わりに無機ガスを用意し、海洋の代わりとなる水と混合して加熱し、「稲妻」の火花を当てた。その結果アミノ酸、糖類、核酸塩基など、多種多様な有機分子が生成された。その後のオパーリンの説によれば、小さな分子が互いに反応してより大きく多様な構造体をつくり、化学的な複雑さが徐々に増していく。こういった反応は、触媒活性をもつことが証明されている鉱物や粘土によって生じていると考えられる。大きな分子のなかには、小さな分子とうまく結合して、弱いながらも触媒作用を示したものもあっただろう。これは「純粋な」化学であり、より高度な組織化をしないものの証明でもあった。

オパーリンの理論では、最初の有機物は一連の触媒反応が偶然起こったときに出現し、その前駆体からの各化学成分は「セット」内の別の分子に触媒され合成されるというものだ（定式化された例については、図32を参照）。原理的にはセットを一緒に保つための何らかの格納方法が存在し、出発物質をなかに取り入れられる限り、自動的に自分と同じものをたくさんつくることができる。これが自己複製である。ここで重要なのは、そ

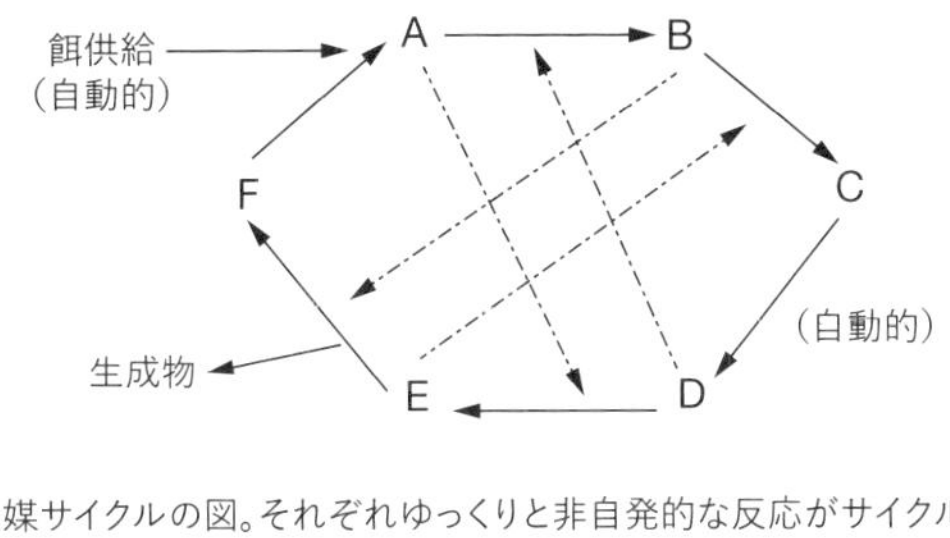

図32　触媒サイクルの図。それぞれゆっくりと非自発的な反応がサイクル反応経路中の特定の生成物によって触媒（点線矢印）されている。

のときに関与した分子が必ずしも現在生きている細胞と同じものではないということだ。生命の誕生以来、地球の環境は大きく変化しており、40億年もの間進化と適応を繰り返せば、おそらくもとの構成要素のほぼすべてが状況の変化に応じてより適切なものに置き換えられていただろう。コンコルドの部品がライト兄弟の初号機の部品と互換性がないからといって、コンコルドの起源が別ものだった訳ではないのと同じだ。

１６３ページ図32のようなシステムでは、システムの構成要素を同じ空間で維持するために、格納が重要な要素であることは明らかである。親水性（水を好む性質）の頭部と疎水性（水を嫌う性質）の尾部をもつ分子が水に溶けるとミセルや小胞などの構造体を形成することで、閉じた膜が自然に形成される（図33）。さらに

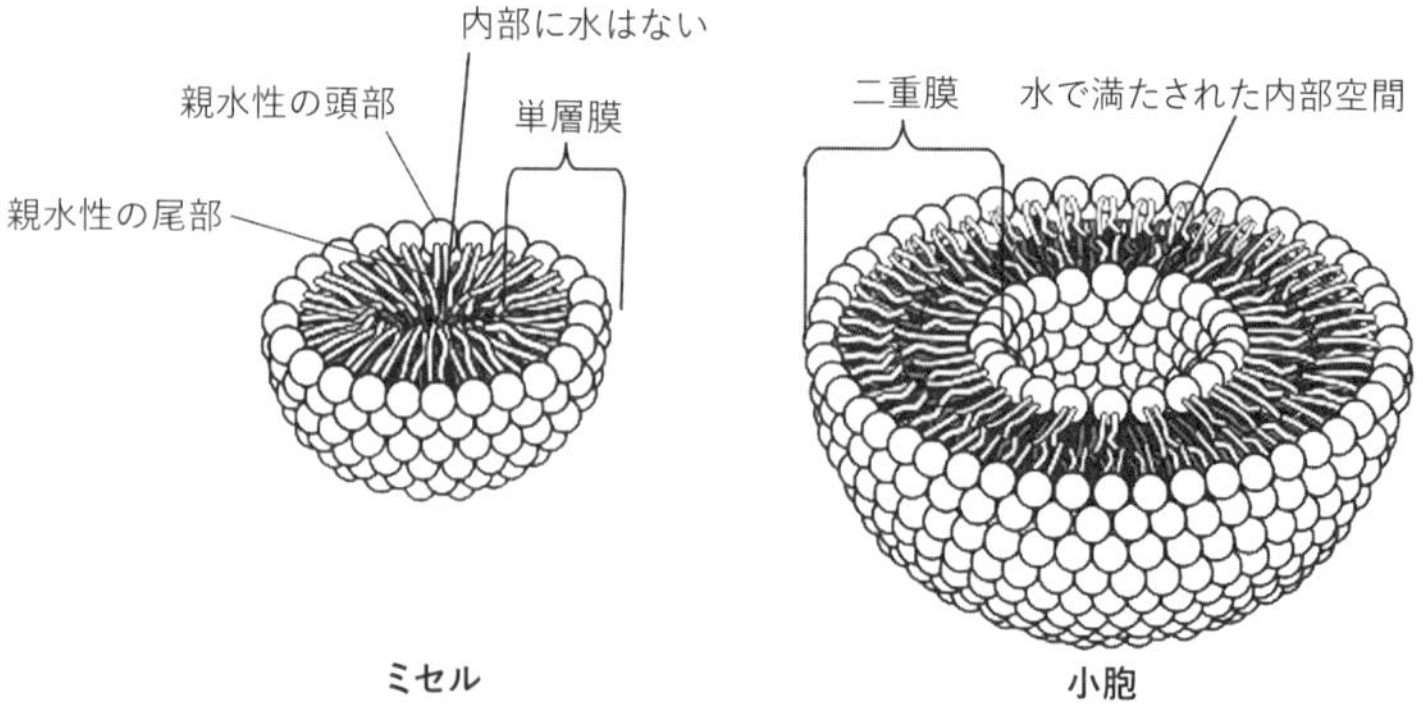

図33　親水性の頭部と疎水性の尾部をもつ分子が水に懸濁しているときに形成しうる二つの一般的な構造。どちらの場合も、親水性の頭部は水と接触しており、尾部は接触していない。ミセルは常に小さく、内部空間に水がない。小胞はおそらく図示されたものよりもはるかに大きく、内部空間には水が含まれ代謝や核酸が存在する場合もある。

これらの構造体にはもとから最大の大きさが決まっていて、フープから吹き出された石鹸のフィルムが一つひとつのシャボン玉に分かれるのと同じように、大きくなりすぎると自然に二つの小さな構造体に分裂してしまう。原理的には、前の段落で述べたような触媒サイクルが、膜小胞に包まれているのを想像できるかもしれない。触媒サイクルがたくさんの膜を構成する分子を合成するものであり、膜が自身を合成するための材料を取り入れることが可能な場合、その物質は自立的であり、さらには自己複製可能なシステムとみなすことができる。先に述べた生命の基準のなかでは、明らかに代謝、格納場所、自己複製能をもっていると思われる。さて、情報はどうだろうか。このようなシステムには遺伝子はないが、その分子はそれぞれ構造をもっている。生物学では構造は情報であり、遺伝子も実際に構造が情報を担っている。触媒成分の形状と相まって、反応物質の構造が反応生成物の性質を決定する。原理的には「偶然の」反応によって生じた独自の形状が、独自の生成物や独自の型の原始生物を決定し、それぞれの進化へと扉を開くことになる。したがって、これらのシステムに情報はあるだろうが、遺伝情報とは違ってそれが細胞の代謝活動と別々に維持されるということはないだろうと推測される。

生命起源のこの「初めに代謝ありき」の物語が正しいとした場合、遺伝子はどのように誕生したのだろうか。よく知られている仮説の一つはＲＮＡだ。これらの進化する初期の生物の触媒サイクルのなかで、遺伝的分子というよりも触媒として最初に生じたというものだ。ＲＮＡ分子は触媒として作用することが証明されている。その後、一方の末端にアミノ酸を結合させ、他方の末端に別のＲＮＡを結合させたＲＮＡの一種が、アミノ酸の結合を生じさせた。これが、ＲＮＡによって指定されたアミノ酸を用いてペプチド鎖を生成した最初の例となった。ペプチド鎖とそれが形成するタンパク質の触媒効率の高さは、タンパク質ベースの触媒が以前の触媒から徐々に引き継がれてきたものであることを意味する。最終的にはタンパク質はＲＮＡをコピーして、複数のタンパク質をつくるようになった。このようにしてＲＮＡベースの遺伝子は、今や代謝とは別に情報機能のみを果たすようになり、直接システムに入ってきた。現代の多くのウイルスがそうしているように、初期の生物がＲＮＡを遺伝物質として使っていたことは十分あり得ることである。ＤＮＡは、長期的な情報保存のためにより安定した分子ではあっても、触媒的にはあまり役に立たない分子である。しかし、遺伝的特徴を代謝から分離することで、主要な遺伝分子としてＲＮＡに取って代わることができた。このようにして、この物語は私たちが今知っているような生命にたどり着いて幕を閉じる。

生命の起源に関する話は、単に今簡単にまとめたものだけではない。特に、ＲＮＡが先にきて代謝と格納が後にくるというバージョンもある。しかし、ここで述べたバージョンは、実験室で生命を創造しようとする合成生物学的試みを説明するのにはうってつけの枠組みを示しており、一般的には同じ道をたどることを目指している。

合成触媒サイクル

検索して見つかる単純な前駆体を、より複雑な有機分子に変換できるサイクル反応のスキームは古くから知られている。最初の明確な例は、１８６１年にアレクサンドル・ミハイロヴィッチ・ブートレロフによって発見されたformose cycle《ホルモース・サイクル》（ホルモース反応）である（図34）。この反応はグリコールアルデヒドが始まりとなる。グリコールアルデヒドにホルムアルデヒドの分子が結合してグリセルアル

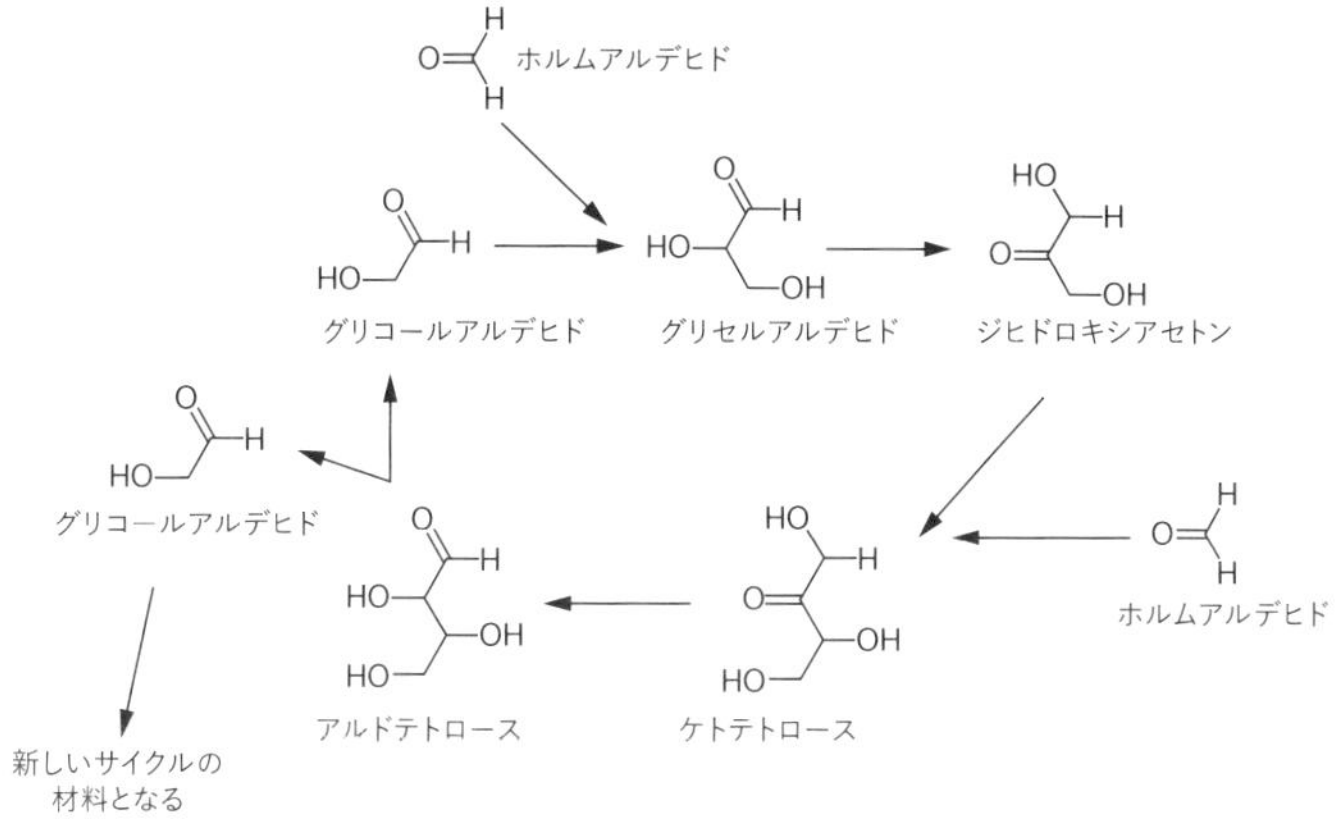

図34　ホルモース反応。より複雑な分子を介してホルムアルデヒドをグリコールアルデヒドに変化させるサイクル反応が、新たなサイクル反応を生む。したがって、このサイクル反応はある意味自己複製的であるといえる。

デヒドをつくり、グリセルアルデヒドが異性化してジヒドロキシアセトンを形成する。さらに別のホルムアルデヒドの分子がジヒドロキシアセトンと結合してケトテトロースをつくり、異性化してアルドテトロースをつくる。そして分裂してグリコールアルデヒドの二つの分子を生成し、それぞれが新しいサイクル反応を開始する。このように実質的には、自己触媒反応により自己複製する反応のなかでより大きな糖に似た中間体を経由し、ホルムアルデヒドをグリコールアルデヒドに変換するものである。

この単純な反応は完全な細胞代謝からは程遠いが、このホルモース反応と最近開発されたいくつかの反応は、少なくとも自己複製サイクルが可能であることを証明している。

格納場所をつくる

生命をつくりだす流れのなかで研究されてきた最も興味深い触媒システムのなかには、その最終生成物として膜状小胞を生成するものがある。なぜならば、そのような小胞は代謝システムを格納するための優れた構造物だからである。1990年代初頭、バッハマンと同僚らはアルカリ水の上にカプリル酸エチルという油を浮かべた。アルカリが油をゆっくり加水分解してカプリル酸ナトリウムを生成し、水中でミセルを形成した。ミセルの表面は、油をさらに加水分解するための触媒として作用し、全体としてミセルがさらにミセルを生成する自己触媒システムを形成した（図35）。

ミセルは内部空間が少ないので容器としてはあまり有用ではない（164ページ図33）が、二重層の膜で形成された小胞の方は有用である。適切な条件下では、ミセルは小胞をつくることができる。オレイン酸ナトリウムは、カプリル酸ナトリウムと同様に、親水性の頭部と疎水性の尾部をもち、水溶液中でミセルを形成する。pH８・８ではこれらのミセルはゆっくりと融合し、水溶液を内部に含む小胞になるように再配列する。小胞があると、さらなるミセルの小胞膜への変換を触媒するので、小胞は成長する。小胞が臨界サイズに達すると二つの小さな小胞を形成するために分割され、成長と分裂のサイクルが継続される（図36）。

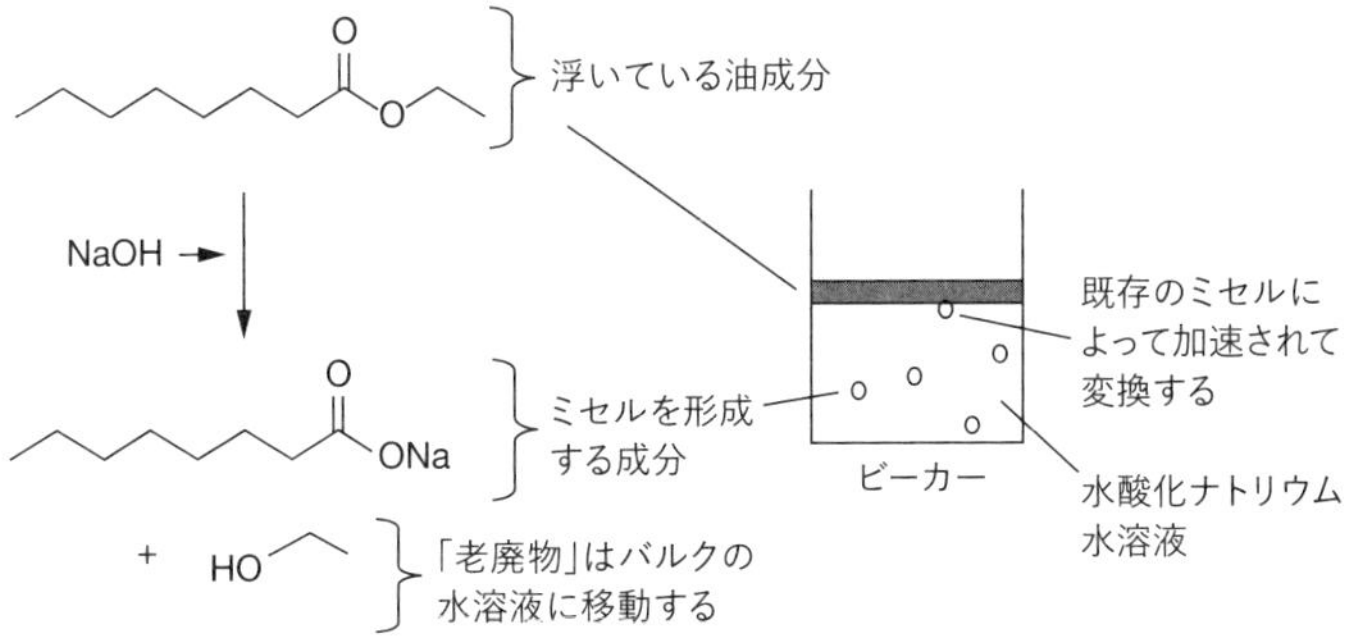

図35　カプリル酸ナトリウムのミセルの自己触媒的自己複製。出発化合物は、水の上に浮かぶカプリル酸エチルである。これは、水酸化ナトリウム水溶液によってゆっくりとカプリル酸ナトリウムに変換され、ミセルを形成する。ミセルはプロセスを加速させるので、より多くのミセルの形成を引き起こす。

このメカニズムは、単純な化合物であるオレイン酸から始まるが、単純な分子から複雑な分子の生成を伴うものではない。しかし、蓋を開けてみればより単純に配置された前駆体から多分子構造が形成され、自己複製を繰り返すサイクルを伴うものだった。ミリストレイン酸溶液も小胞を形成し、その形成はそのままではゆっくりだが、粘土の粒子を加えるとはるかに速く形成されるようになる。この場合小胞は、粘土を水溶液で満たされた内部空間に閉じ込める。もし核酸があらかじめ粘土と結合している場合は、一緒に小胞のなかに包み込む。このことは、部分的に粘土によって触媒される反応、あるいは粘土と結合した触媒反応サイクルが、小胞の内部に包み込まれ区画化されるという興味深い可能性を提示している。すべての構成要素を複製する代謝反応サイクルを自己複製する小胞のなかに内包することにはまだ成功していないようだが、成功すれば確実に大きな進歩を遂げると言えるだろう。

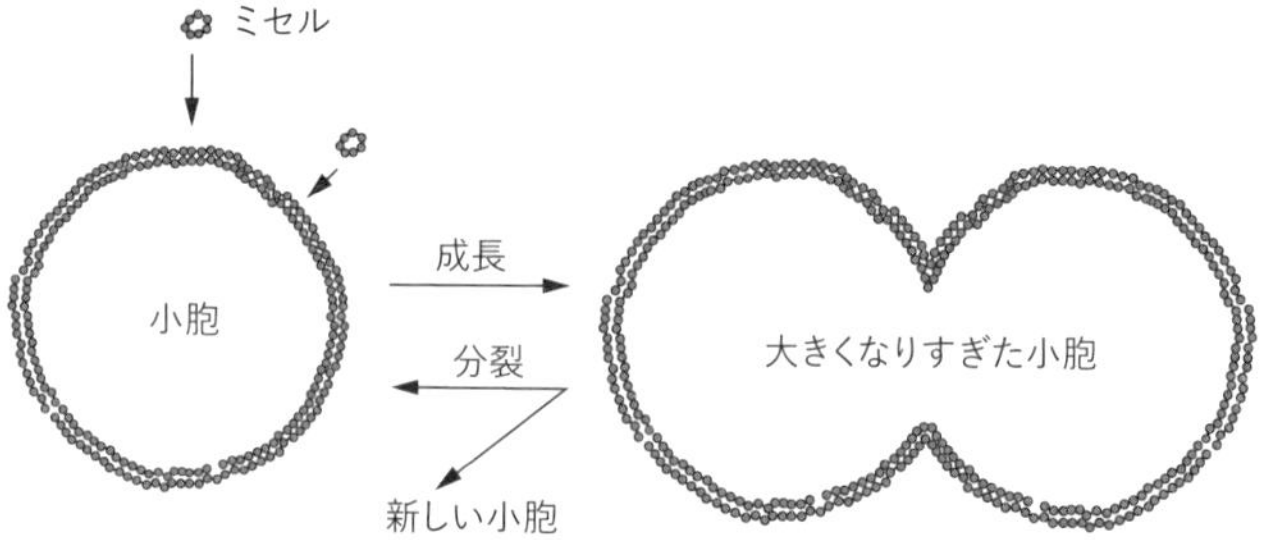

図36　オレイン酸小胞の成長と自己複製。成長はミセルからの新しいオレイン酸の獲得によるものであり、自己複製は大きな小胞の分裂によるものである。

遺伝子への第一歩

少なくとも、地球上における生命の物語の「初めに代謝ありき」のバージョンでは、遺伝子は遅れて誕生したもので、初期の生物に備わった特徴ではなかった。合成生物学者のなかでも、最小限の生命を創造したい人々にとっては、遺伝子はあまりにも複雑な生物学に属するものとして無視されている。また、遺伝子を利用したシステムがどれほど複雑である必要があるのかを問いとし、情報を含む分子がタンパク質という道具を使わずに、鋳型に合わせた方法で自己複製することが可能かどうかを検証している合成生物学者もいる。核酸の鎖が自身を複製の鋳型として機能させる一つの方法は、相補的な塩基や小さな結合した塩基配列の結合部位としての場を与えることであり、その場合、相補する塩基は相互作用によって、横並びで保持されることになる。個々の分子がちらばって存在する通常の溶液中のように、これらのサブユニットの結合がまったくないわけではないが、低い確率である反応条件下では分子同士はまれにしか衝突しないので、塩基はめったに結合しない。しかし、長い間隣同士で保持されていると結合する可能性は高くなり、相補的な鎖が組み立てられる（図37）。加熱時に二本鎖が分離すれば、それぞれを自身の複製用の鋳型として使用できるようになる。たとえばこれは、昼に太陽光で加熱され夜に冷えるというサイクルで生じたことと同じスキームだと言える。

このタイプの非酵素的な複製は、いくつか特殊なタイプの核酸ですでに実証されている。すべての場合において、複製は鎖が短い場合にのみ機能する。通常の「生物学的」ホスホジエステル結合ではなく、ペプチドでつくられた骨格からなる核酸、ペプチド核酸を例に挙げてみると、6塩基のペプチド核酸が二つの3塩基核酸の結合部位として機能し、結合するのに十分な時間でその二つを近傍に保持することが示された。通常のホスホジエステル結合した核酸でも同様のシステムが構築されている。さらなる実験では、二つ以上の鋳型を用いて実験が行われており、異なる配列が競い合っている様子が見られた。また、自己複製タンパク質鎖も構築されており、そのなかでは用いたタンパク質自身の活性により、二つの短いサブユ

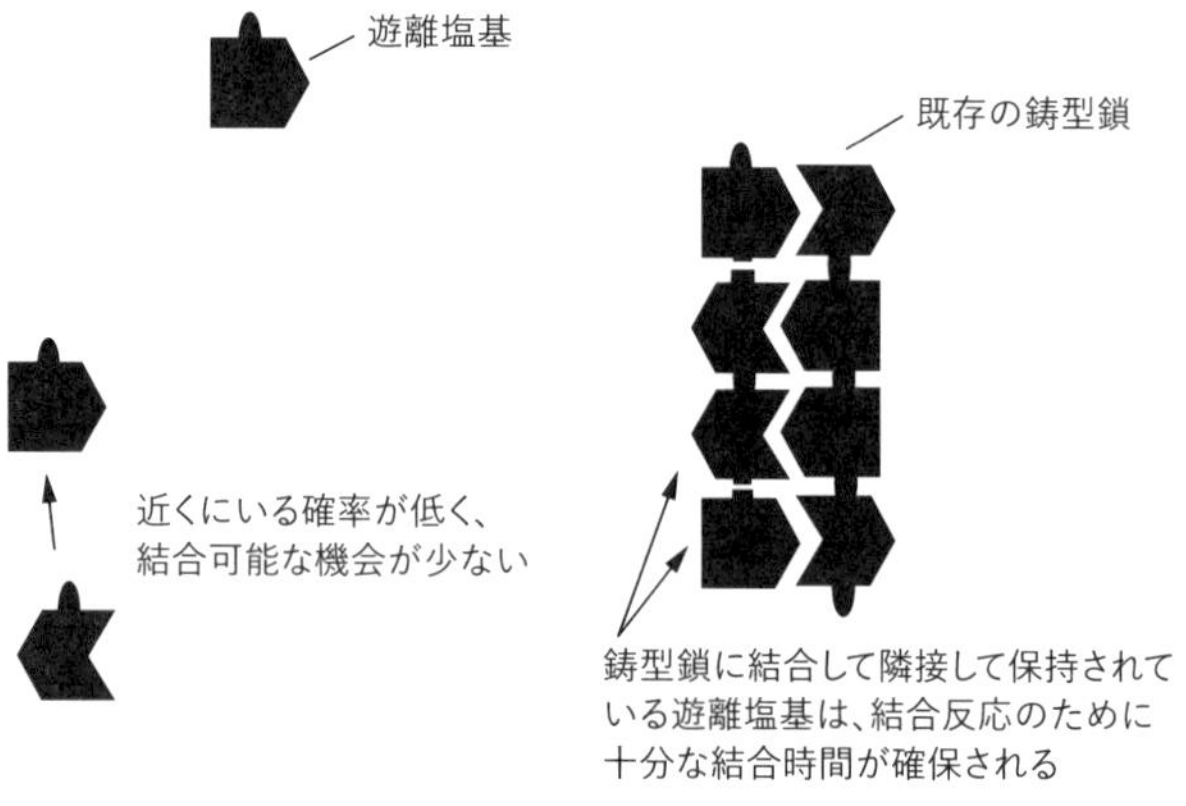
遊離塩基
既存の鋳型鎖
近くにいる確率が低く、
結合可能な機会が少ない
鋳型鎖に結合して隣接して保持されている遊離塩基は、結合反応のために十分な結合時間が確保される

図37　酵素を使用せずに鋳型を利用して核酸を合成するという発想。

ニットからより多くのタンパク質を組み立てることができた。

重要なのは、これらの実験によって使用されている「遺伝子」の性質は、鋳型を利用した複製だけだったという点だ。本物の遺伝子とは異なり、先に挙げたような実験では使用している核酸が自分自身以外の何かの生成を指示することはない。この研究の主なポイントは、核酸とタンパク質のどちらが先にできるのかという、因果関係がわからない問題に取り組んでいるところだ。通常の生物学では、タンパク質も核酸も自身とは別の要素の助けを借りて初めて生成される。実験では、少なくともかなり特殊な条件下ではあるが、タンパク質の助けを借りずに自己複製できる核酸もあれば、核酸の助けを借りずに自己複製できるタンパク質もあることが明らかになっている。ただどちらの場合もかなり複雑な前駆体から発生しており、生命の誕生以前に存在していた単純な分子からの発生ではなかった。したがって、ＲＮＡなどの核酸は、最初は初期細胞の代謝に寄生的に存在し、そのなかでたまたま変異して有用な酵素活性を獲得したものが、細胞を環境に適応させ増殖しやすくしたという、一連の進化の流れが想像できる。寄生は共生となり、最終的には完全に統合され一つの調和したシステムになったのだ。

次のステップ

これまでのところ、ゼロから生命をつくりだす研究を行っている研究室では、ホルムアルデヒドのような単純な前駆体から、糖類のような中程度に複雑な分子を生成する自己複製触媒反応サイクルをつくりだしてきた。格納に取り組んでいる研究者たちは、やや複雑な出発分子を必要とするものの、自己複製型の膜小胞をつくってきた。ただし、これらの研究を結合することで、自己複製触媒反応サイクルが非常に単純な前駆体から始まり、膜をつくれる分子を生成し、小胞の自己複製を成功させるということにはまだ至っていないようだ。もしこれが成功すれば、次のステップは触媒反応サイクルを開始する小さな分子が入り込めるようにした膜のなかに、触媒反応サイクルを閉じ込められるようにしておくことが重要だろう。そのようなシステムは、最小限の生物をつくる非常に大きな一歩になりうる。多くの人は、このように外部から取り込んだ要素で自己複製を行う物質は「生きている」と認識するだろう。生命には遺伝子が含まれていなければならないという考えに固執している人もいるが、実はそうではないのだ。

人間が生命を創造したときに引き起こされるであろう哲学的な影響は、長い時間をかけて「生きているとはどういうことか」という定義が変化すれば緩和される可能性がある。おそらく、後で振り返って初めて、人工生命の創造はたった一つの大きな実験結果ではなく、小さなステップをいくつも積み重ねてやっと成し遂げた結果なのだと認識されるだろう。研究を進めると、「無生物」と「生物」、「生」と「死」は明確に区別できるものではなく、その間には曖昧な領域があるとわかる。たとえば、人間のような多細胞生物では、死んでしまったと考えられた後も、個々の細胞はしばらくの間生き続けているのだ。

8

文化的影響

科学は孤立した分野ではなく、広く社会や文化の影響を受け、また反対にそれらに影響を与えている。合成生物学は教育のあり方を変え、芸術家、作家、映画製作者を刺激してきたと同時に哲学者や倫理学者、スポーツ選手、立法者の関心をも集めてきた。この最終章では、本書で紹介した技術がもつ幅広い意味合いについて、少し触れてみたい。

教育

昨今、合成生物学の台頭が生物学教育に興味深い影響を与えている。そのきっかけとなったのが、大学生や大学院生が参加する合成生物学の大会、ｉＧＥＭだ。マサチューセッツ工科大学が２００４年に創設したｉＧＥＭは、学生チームに合成生物学に用いるパーツが入ったキットを送り、それを使って合成生物学的デバイスを設計・製作してもらうというものである。チームが新しい部品を設計すると、次回の大会で用いるキットに追加される。世界中から何百もの学生チームが参加し、毎年秋にはボストンで決勝大会が開催される。倫理的な面から見た安全性の評価や詳細な公開報告書の作成も自分たちで行い、独自のデバイスの設計、構築、試験など学生自身がプロジェクトに取り組む。こういった経験は、大講義室での座学から学ぶものをはるかに越え、幅広い経験を学生たちに与えてくれる。

参加プロジェクトのほとんどが非常に質の高いもので、たとえば先に紹介したヒ素検出器の最初のバージョンは、ｉＧＥＭの参加チームの一つが設計したものだ。学生は生物学的システムを操作する技術を学ぶだけでなく、これまでの科学教育があまり力を入れてこなかった想像力の価値や、他分野のチームメンバーとの協力などに重要性を見いだし、それらを学んでいる。

ｉＧＥＭの活動に触発されて、ほかの分野でも同様の取り組みが始まっている。最も文化的に興味深いのは、主に芸術やデザインの学生を対象とした「バイオデザイン・チャレンジ」である。このプログラムには、建築からコミュニケーション、エネルギー、食品、水、素材、医療に至るまでさまざまなテーマがある。チームはデザイン性の高い作品を提示し、提示したバイオデザインの適切なモデルをつくらなければならない。だが、ｉＧＥＭチームとは異なり、デバイスをつくる必要はない。そのため参加者は、数カ月で何かをつくらなければならないｉＧＥＭチームに比べて、はるかに大きなスケールの空間と時間を使える利点はあるが、審査は厳しく実現可能性の有無が評価の重要なカギとなる。受賞者のデザインは、ニューヨークで毎年開催されるバイオデザインサミットで展示される。このような新たな取り組みには、Ｃ・Ｐ・スノーが提唱する、芸術と科学という「二つの文化」の間に大きな壁を感じない教育を受けた若者たちを多く輩出するだろうと、世間からも大きな期待が寄せられ、注目を集めている。

芸術

新しいテクノロジーにいち早く反応するのは、アーティストであることが多い。合成生物学を媒体とした芸術作品にはいろいろあるが、その多くは実用的かつ倫理的な理由から単細胞生物を用いている。ハワード・ボランドとローラ・シンティによって設立されたアーティスト集団「Ｃ－ｌａｂ」の作品を例にとってみよう。ある作品は、写真フィルムのような無生物の化学物質ではなく、生きた媒体で人間の顔のイメージを記録する光に反応する細菌のプレートで構成されている。イメージは生命によって記録されるだけでない。個々の細菌が移動したり、増殖したり、または死んだりすると、顔も変化し、ぼやけ、最終的に消滅する。これは、避けようのない生物学的変化よって人の実際の顔が失われていくのと同じ摂理だ。別の作品では成長するコロニー内の細菌が自らのストレスを蛍光の強さで表している。コロニー内のストレスを受けているメンバーと、ストレスを受けていない「フリーローダー（居候《いそうろう》）」との共存が視覚的に明らかになり、展示されている都市そのものを考え起こさせるものである。もう一つの例は、匂いの風景を「描く」ために遺伝子改変された細菌を使用したものだ。遺伝子改変された細菌を使うことで、これまで芸術表現としてはほとんど見向きもされなかった「嗅覚」を効果的に描けるようになった。

Synbio-art《シンバイオ・アート》（合成生物学アート）の作品には、対話のためにデザインされているものもある。例としては、エドゥアルド・カックの「創世記」プロジェクトがある。彼は、神がノアとその息子たちを祝福し、彼らに地球上のすべての生き物の支配権を与えた『創世記』からの引用文をＤＮＡで記述し、この引用文をもつＤＮＡを生きた細菌のなかに導入した。作品を見た人たちは、人間が自然を支配することに同意するかどうか判断するように求められた。もしも答えがノーならば、紫外線を照射してＤＮＡの塩基配列をランダムに突然変異させ、引用文を破壊して意味をなさなくする。しかし、そうするには展示されている生命に対して作品を見ている人が自ら行動を起こさなければならなかった。

芸術家を招聘して滞在期間中の創作活動を支援する「アーティスト・イン・レジデンス・プログラム」を合成生物学の研究室が実施し、その結果として生まれた作品もある。これも、合成生物学が従来の科学のなかでは「異質」であることの一例である。

ＳＦ文学や映画もまた、新しいものに真っ先に反応する。１９８０年代後半までには、ＳＦ文学は「バイオパンク」という新しいサブジャンルを獲得していた。バイオパンク小説では、よくバイオハッカーや非倫理的な巨大企業、抑圧的な警察権力や違法な肉体改造の闇市場などが跋扈《ばっこ》する反ユートピア的な世界が舞台となっている。主人公たち（「ヒーロー」という言葉はしっくりこない）は、不平等な社会のほぼ最下層に位置し、合法的な手段で出世する希望はほとんどない。アンジェラ・メイヤーと同僚が最近分析した35本のバイオフィクション映画では、大半の合成生物学者は、さまざまな起業家精神に突き動かされているか、または大企業の組織のなかの小さな歯車に過ぎないかのように描かれていた。モノクロのＳＦ映画時代の「学術的興味に突き動かされた、孤独な狂った天才」が、現代では「資本主義社会の大企業に雇われた、無力で非倫理的な道具のような存在」になるという陳腐な変化は、典型的な科学者に対する社会の見方が数十年の間にどのように変化してきたかを反映していると言える。だが、お世辞にも褒められていると思う者はおそらく皆無に等しいだろう。

娯楽

21世紀の合成生物学の台頭により、自然史やガーデニング、ペットの飼育といった古くからある生物に関わる趣味に加えて、分子レベルでの生物に関わる「ＤＩＹバイオ」や「バイオハッキング」[*32]という新しい趣味の分野が生まれた。「ハッキング」という言葉で表されるように、この趣味は、ＤＩＹ[*33]コンピューティングコミュニティーの精神を意識的に利用している。コミュニティーでは、メンバーが自由に交換できる知識と簡単に入手できる部品を利用し、小さなコンピューターを組み立てて実験を行っている。楽しみのために行われているとはいえ、その結果には目を見張るものがある。今や世界の経済や文化の主要な部分を占めるマイクロコンピューター産業は、主に物置小屋や小さなクラブのアマチュアたちによって生み出されていたのだ。どのコミュニティーでも、「ハッカー」とは、即席でものをつくったり、本来とは別の用途のために何かを改造したりする才能をもつ人を意味しており、「犯罪行為を行う人」の意味合いはまったくない。これは、マスコミの誤解から生じているものだ。

「ＤＩＹバイオ」は、主に自分たちの研究室をつくるクラブのネットワークとして発展してきたが、時にはほかの実用的な趣味のための大きな「作業場」の一部としても利用されている。大学や産業界から寄贈された中古の機器や、即席でつくられた巧妙な機器を備えたこれらの研究室は質素なものだ。しかし、それを組み立てた人たちは、コンピューティングの

＊32　DIYバイオと同じく研究者以外が行う合成生物学のこと。特に、純粋な興味よりも施行者に都合のよい性質に改変しようという視点で行う場合にこう呼ばれる。
＊33　パソコンを自作する人たちのコミュニティーのこと。

世界と同様に、愛好家の想像力こそが面白い発明を生み出すという自信をもっている。「DIYバイオ」は、遺伝子操作や改変された生物の自然環境への流出、動物実験などを規制する法的枠組みのなかで行わなければならない。アマチュア無線やアマチュアロケットなどのような、ほかの技術的な趣味もまた強力な規制の枠組みのなかで運営されている。場合によっては運営するには公的機関からの許可が必要となり、許可を得るには正式な能力評価を経なければならない。現在のところ、DIYバイオが一般的に行われている国では、どの国も強制的な許可制を導入していないが、コミュニティー自体が安全性と責任に関する豊富な教育資料を作成しており、ヨーロッパとアメリカのDIYバイオコミュニティーは、透明性、安全性、オープンアクセス、教育、平和目的、責任、そして説明責任などを含む明確な倫理規定を設けている。

できることに制限があること、そしておそらく関係者の想像力の豊かさも相まって、DIYバイオは合成生物学の主流とは異なる道を歩んでいるように思われる。アートによりいっそう重点が置かれるようになり、今ではエピジェネティック[*34]な改変を施した植物や微生物がつくられている。また、「サイボーグ」の制作に重点が置かれている場所もある。同じ生活空間に暮らす昆虫の動きによって行動を制御されるロボットなどがその好例だ。

バイオハッキング・コミュニティーのなかには、小さいが注目を集めている一派が、サイボーグのアイデアをさらに推し進めている。彼らは「グラインダー（研磨機）」と名乗り、みんなから「超人的」と呼ばれる状態になれるよう、自分自身をバイオハックすることを目指している。現在、合成生物学は科学としての歴史が浅く率直に言って難しすぎるため、この活動に大きな影響を与えるまでには至っていない。「グラインダー」と呼ばれる人たちの主な活動は、電子機器を体に埋め込むことだ。この活動は、ネット上のフォーラム（biohack.meなど）やデザイン倉庫（grindhousewetware.comなど）でアイデアを発信している。今のところ、少なくとも一人のバイオハッカーが、自分の寿命を延ばそうと試みている。限定的ではあるが遺伝子操作を受けてGHRH（成長ホルモン放出ホルモン）[*35]を生成しようと、DNAを自分の体に導入しているのだ。しかし実際、これまでにどれだけの人がこの種のことを試みたかは定かではない。あるいは必要な技術が簡単に手に入るようになったときに、今後どれだけの人が試みるのかもわからない。この種の自己実験の倫理的・法的背景は、法整備が技術的なものに追いついていないため、複雑で不明確なのだ。

＊34　DNA配列以外の要素に影響を与える改変であり、DNAの配列をまったく変えないため規制に抵触しない。
＊35　成長ホルモンの放出を促すホルモンのこと。

倫理

バイオテクノロジーの新たな発展は、倫理的な議論に火をつけやすい。避妊、心臓移植、脳死の診断、さらには麻酔の使用などは、すべて倫理的ではないと一部の人によって大きく非難されてきた。事態が進展するまで議論がなされず、情報不足からくる混迷を極めた大衆のパニックに支配されると何が起こるのか、合成生物学者はヨーロッパ連合における遺伝子組み換え作物に対する国民の反応をめぐる大失敗から学び、現在では慎重な倫理面の議論を意図的に行っている。

人によってアプローチの仕方が違うので、倫理的な議論は複雑だ。結果主義者は、結果を見てその行動の倫理的な良し悪しを判断する。彼らにとっては、それがたとえ善意から発した行為であっても、災いをもたらす結果に終われば最終的には道徳的には悪なのだ。結果主義的な考えの人たちの多くは、合成生物学がどのようにして仕事をしているかで判断するのではなく、個々のプロジェクトがどんな結果になるのか、あるいは最悪の場合はどうなるのかによって判断する。一見明らかに「よい」ように見える安価で栄養価の高い食品のようなものでも、伝統的な農家の生活に大きな影響をもたらす可能性があるため、利益と不利益のバランスを決定するのは実際には難しいだろう。結果論者の議論の多くは、主に安全性、福利厚生、経済学の領域にとどまっており、それは現在、遺伝子組み換え生物や医薬品、化学物質の開発をコントロールしているのと同じ路線をたどっている。結果論的な考え方のなかには、合成生物学は原理的に悪だという結果につながりかねない一連の流れがある。それは生命を操作されるべきものとして捉えてしまうと、私たちが生命を軽視してしまい、自分自身の生命も含めて生命そのものを尊重しなくなってしまうのではないかという懸念からだ。これは、既存の生命の工学的改変研究にも物質から生命をつくり上げる研究にも言えることだろう。コペルニクスが地動説を、ダーウィンが進化論を唱えたことで、地球と人間は宇宙における特別な地位から退き、それに続いて宗教改革やファシズムなど大きな社会的変化が起こった。これは偶然の一致かもしれないし、さまざまな歴史的事象のなかから因果関係のパターンを見つけようとする歴史家の偏った先入観から生じたものかもしれない。だが、少なくとも一部の評論家は、人によってつくられた生命に対する有害な社会的・政治的反応が実際に起こりうると恐怖を感じている。結果主義的な考え方をする人たち、特に規制を設ける側の大きな課題の一つは、今認可を与えるべき事柄を決定する際に、どこまで先を見通すべきかを決めることだ。私たちは、その決定の先に起こりうるすべてを見ようとすべきなのか、それとも新たな議論のきっかけとなる次なる画期的な出来事を期待するだけなのだろうか。

もう一つの倫理学の主要な立場である義務論者は、結果よりも、行為の意図の道徳性と行われた行為の道徳性に焦点を当てている。19世紀を代表する哲学者エマニュエル・カントが唱えたように、善意に基づいて行われた行為でなければ、無条件に「善」とは言えない。結果ではなく、行為自体の道徳性に重きを置くのだ。義務論者にとっては、悪意ある行為や道徳的に許されない行為がたまたま多くのよい結果をもたらしたとしても、それはやはり悪質な行為なのだ。通常、義務論的思考を合成生物学に当てはめることは、本来備わっている知識の価値や生命、そして自然を宗教的な意味ではなく文字通り「神聖なもの」とすべきかどうかといった、深い価値観にかかわっている。この点では、新しく生命をつくりだすほうがあまり議論にはならないかもしれない。というのも、原始細胞の製作や改変は化学実験室で行われる日常的な作業にすぎないので、義務論者が道徳的な側面を見つけることはあまりないと思われるからだ。既存の生物を人間の目的に合わせて操作することのほうが問題であり、そこに科学者が越えてはならない、自然と人工の境界線があるかどうか、つまり生命を操作してそれを単に目的のための手段として利用することが本質的に間違っているかどうかという問題にたどり着く。関係する生物が動物である場合、合成生物学に関する義務論的な考察は、動物の権利に関する考察と同化することになるだろう。環境保護運動では、合成生物学に対する義務論的な反論は世論を揺さぶる可能性が高いと考えられているために、結果論的な議論の影に隠れていることがよくある。だが、それは実はごく一般的なものなのだ。

　主要な宗教のほとんどは、これまで物理世界の操作や既存の医療介入に適用してきた倫理的枠組みを合成生物学にも適用している。多くの無宗教の人々と同様に、彼らは行為の結果が人間の幸福、尊厳、尊重のためによいことなのか、それとも害を及ぼすのかという結果主義的な検証に焦点を当てる傾向がある。ユダヤ教、キリスト教、イスラム教を含む多くの宗教では、人間はすでに創作活動のパートナーであり、合成生物学は倫理的な一線を越えてはいないという主張なのだ。

　倫理は、規制や法律として実践に移される。規制が適正に設けられていれば、規制はだれにとっても有効である。社会全体が技術者による危険行為から守られ、規制の範囲内で働く技術者は、危険で無責任だという非難からある程度守られる。法制化へのアプローチはさまざまに変化している。たとえば一部の圧力団体、特に経済成長や企業の業績を中心に据えるよりも、社会的に公正で持続可能な社会をより優先しようとする「Green politics《グリーン ポリティックス》（緑の政治）」を支持する団体は、無害であることが証明されるまで新技術は禁止すべきだと主張する「予防原則」を提唱している。「予防原則」は一見明らかに理にかなっているようだが、それが構築され検証されるまでは、実際のところ無害であることを証明するのはほとんど不可能だ。したがって「予防原則」は、事実上新しいものを禁止することにほかならない。ほとんどの立法府は実用的なアプローチをとっていて、リスクの公的な評価が求められ、作業の種類によっては政府や公的機関からの許可が必要となる。多くの場合、規則は使用される技術を中心に課せられている。たとえば、従来の育種方法によってつくられた植物を自然環境へもち出す場合は公的機関からの許可を必要としないが、遺伝子組み換えによってつくられたものは、たとえ結果として得られるゲノムの配列が全く同じ変化をしていたとしても、公的機関からの許可が必要となる。このようなアプローチは、新しい技術が既存の法律の枠組みにうまく収まらないという問題に繰り返しぶつかっていることを意味している。カナダはまったく異なるアプローチを採用している国の一例で、公的機関からの許可はそれをつくるために使用された技術ではなく、つくられたものの特性に基づいて与えられている。この枠組みは、新技術にも問題なく対応している。世界には、規制がほとんどないか、まったくない地域もたくさんある。だからといって、合成生物学者がそのような場所に出向いて好きなことをしてもよいということではない。先に述べたヒ素検知器の適用が遅れたのは、ヨーロッパ連合内で認可が下りるまでは、開発途上国では使用しないという選択を意識的に行ったからである。なぜなら、もしも認可が下りる前に導入してしまえば、開発途上国の人々はヨーロッパの人々よりも保護を受ける価値が低いということを何らかの形で暗示してしまうことになるからだ。もちろん、使用の遅れ自体は、まだヒ素に苦しんでいる人々にとってはマイナスの結果をもたらすのだが……。

法律はつくってもよいものだけでなく、それを所有できる人をも制限する。製品そのものやデザイン、その製造方法などの所有権は、資本主義経済における商業的搾取という点で非常に重要な問題であり、情報は独占的であるべきだと主張する人と、完全にオープンであるべきだと主張する人との間で激しい論争が行われている。この決定は経済的な問題だけではなく、私たちが命をどう見ているかという倫理的な問題にもかかわってくる。医師であり生命倫理学者でもあるレオン・カスがコメントしたように、つまり「ラバを一頭飼うことと、自分だけのラバを飼うことではまったく意味が違う」ということだ。

恐怖

規制は、それに従うことを選択した者にのみ有効である。憶測の多くは、合成生物学が人工病原体をつくりだすことだろう。そして現在それが兵器として使用されるのではないかとの懸念も広がっている。[*36]「ならず者国家」が生物兵器の開発を企てていることには疑う余地がない。アメリカ人は、歴史的に最悪のならず者国家であるイギリスから、すでに生物兵器の攻撃を受けている。イギリスは１７６３年にアメリカ先住民に対して、そしておそらく１７７５年にはケベック近くのアメリカ民兵に対して天然痘を使用している。イギリスはまた、１９４２年にグリュイナード島で炭疽《たんそ》菌爆弾を開発しテストしたが、幸いなことにこれらの爆弾が彼らが標的としていたドイツの都市に使用されることはなかった。近年では、天然のサルモネラ菌を使用したテロが１９４８年にアメリカで起き、炭疽菌を使用したテロが１９９３年には日本で、２００１年にはアメリカで起きるなど、生物兵器がテロリストによって使用されるようになっている。

合成生物学を利用した生物兵器への懸念から、ＦＢＩの大量破壊兵器総局などの政府部門は、新しい分野の基礎知識を得るために合成生物学の研究室で研修を受けられるよう、職員の一部をすぐに配置した。イギリス内務省やアメリカ国土安全保障省でも、合成生物学者と各省庁の代表者との会合を開催している。イギリス中央政府の内側を描いた政治風刺コメディ番組『イエス・ミニスター』のセットのような場所もあれば、キューバ危機を背景としたブラックコメディ映画『博士の異常な愛情』のセットのような場所もあったが、筆者が経験したさまざまな会合で交わされた会話は、少なくとも合成生物学者にとっては心強い結論に達したものだった。もしもテロリストグループが大混乱や騒乱を引き起こしたければ、合成生物学を利用するよりもはるかに簡単で確実な手段を選ぶはずだ。なぜなら病原体をつくるのは非常に難しく、世界中に無数に存在する細菌やウイルスのなかでも危険な病原体はごく一部に過ぎないからだ。伝染病を発生させるためには、その病原体が宿主を殺すか、あるいは宿主に殺されるまでの間に、一人の宿主が平均して少なくとも一人の人間に感染させられる数にまで増殖できるように、病原体は生物学的バランスを保たなければならない。ほとんどの微生物は、このような都合のよい病原性をもっていない。病原体が蔓延する前に微生物自身が死んでしまうか、ときにはあまりにも病原性が強いために、感染した人が他人と接触できなくなり、結果的に他人には感染させないこともある。さまざまな人間がいれば、どんな病原体に対しても、戦う能力は確実に個人によって違う。また、耐性をもつ人が多数存在することで、感染しやすい人の間でも病原体が拡散しにくくなる。これが「集団免疫」の基本であり、これが全員とは言わないまでも、大多数の人がワクチンを接種すればよいという理由である。病原性がどのように制御されているかについては、まだ完全な理解にはとうてい及ばないため、最適な病原性をもつ特別仕様のウイルスや細菌をつくるという考えは今のところ実現しそうにはない。先に説明した新型インフルエンザの危険なウイルス株の製造では、既存のウイルスのランダムな突然変異を利用

＊36　テロリスト支援や大量破壊兵器保持などの観点から、国際的な治安を脅かすとされる国家。

したもので、これは直接意図して設計されたものではない。合成生物学は、確かにこのようなランダム変異の効率を高めるツールを提供できるが、自然に進化した危険な病原体が流行している地域からその病原体を入手するほうが新たにつくるよりずっと簡単だ。だから、バイオテロリストになろうとする者なら後者を選ぶはずだ。

ときどき、合成生物学を利用して、特定の人種に対してのみ活性をもつように、自然の病原体を変化させるのではないかという懸念が生じることがある。これは人類という種に対する誤解に基づくもので、遺伝学者が認識するような固有の「人種」[*37]は人間には存在しない。私たちの種は連続体であり、遺伝子のいくつかのバージョン（対立遺伝子）が、異なる頻度で異なる民族グループに現れることがあるが、これは統計的な特性でしかない。たとえあちら側とこちら側に人を隔てるような「人種的な」対立のなかにあっても、一方の側を脆弱にし、他方の側は安全にするような、明確な遺伝的違いなど存在しないのだ。

むしろ国の主要な農業を狙ったバイオテロのほうが現実的な心配ごとかもしれない。私たち動物や高等植物が、細菌やウイルスによって迎えるかもしれないハルマゲドン（世界の終わり）に対してもっている主な防御策の一つは、性である。私たちは自分自身をコピーするのではなく、私たちの子孫が自分と違ったり一人ひとり違うものになるように、ほかの個体の遺伝子と自分の遺伝子をシャッフルさせたり混ぜ合わせたりすることで繁殖している。この変化は、伝染病がすべての人を殺さないことを意味している。クローンの世界では、すべての個体が同じなので集団免疫がなく、ある個体に感染するように改変された病原体は、野火のように集団を介して広がる可能性が高い。これは、アイルランドのジャガイモの疫病で実際に起こったことだ。もし、私たちが愚かにもまったく同じゲノムをもつ植物や、同じ合成生物学的デバイスを搭載した植物を次から次へと植えてそこら中の畑でクローン作物を栽培すれば、自然か故意かにかかわらず、菌類や細菌、ウイルスなどの攻撃を受けた場合、農作物は一斉にダメージを受け、私たちの文明の回復力ははるかに低下する事態に陥るだろう。現在非常に愚かなことに、消費財から安全性が要求される産業用システムに至るまで、あらゆるものに同じコンピューターアーキテクチャーやオペレーティングシステムが使われている。そのため、コンピューターのマルウェアソフトによって多くの問題が起きている。ソフトウェア開発にもっと多くのコストがかかっただろうが、数十年前に見られたような小型コンピューターの多様性が残っていれば、たとえ悪意に直面しても、システムは今よりもはるかに耐性があったはずだ。だから私たちは、生物学でこれと同じ過ちを犯してはならない。

＊37　同じ遺伝子とみなせるものの、ＤＮＡ配列におけるわずかな違いによって機能に差が出る遺伝子の組み合わせのこと。
＊38　不正かつ有害な動作を行う意図で作成された悪意のあるソフトウェアや悪質なコード。

希望

この本を恐怖で締めくくるのは、誤解を招く恐れがあるが、実は合成生物学に関して言えば、生物を工学的手法によって設計できるようになることで得られる利益を楽観的に捉えている人は多い。近い将来、エネルギーや環境、医学、工学の分野で活躍する場はたくさんある。また、今後生命を形づくる能力が向上すれば、地球上の希少な生物資源や、絶滅の危機に瀕《ひん》している生物資源の乱獲を食い止められるかもしれない。さらに先のことを考えれば、合成生物学によって生命のない惑星にも生命が宿るようになり、これまで新技術によってかき立てられてきたＳＦ的な夢が実現するかもしれないとの期待もある。そして、このような現実的な推測や願望を越えることで、より精神的な希望ももたらされる。それは生命を創造することで、私たちは自分自身のことをもっと理解できるということだ。多くの思想家にとって、自分たちの本質や宇宙における位置をより深く理解すること自体が、単なる物質的な利益よりもはるかに素晴らしい価値をもつのだ。

参考文献

既存生物の改造

Armstrong, R. *Living Architecture: How Synthetic Biology Can Remake Our Cities and Reshape Our Lives.* TED books/Amazon (Kindle edition only at present).

Freemont, P.S. and Kintney, R.I. *Synthetic Biology—A Primer* (Revised Edition). London: Imperial College Press, 2015.

Kuldell, N. *Biobuilder: Synthetic Biology in the Lab. Boston,* MA: MIT Press, 2015.

Regis, E. and Church, G.M. *Regenesis: How Synthetic Biology Will Reinvent Nature and Ourselves.* New York: Basic Books, 2014.

Schmidt, M. *Synthetic Biology: Industrial and Environmental Applications.* London: Wiley, 2012.

新たな生命の創造

Luisi, P.L.L. *The Emergence of Life.* Cambridge: Cambridge University Press, 2006.

Rasmussedn, S., Bedau, M., Chen, L., et al. *Protocells: Bridging Living and Non-Living Matter.* Cambridge, MA: MIT Press, 2009.

文化、建築、アート

Ginsberg, A.D., Calvert, J., Schyfter, P., Elfick, A., and Endy, D. *Synthetic Aesthetics: Investigating Synthetic Biology's Designs on Nature.* Cambridge, MA: MIT Press, 2017.

Jorgensen, E. *Biohacking—You Can Do It, Too.* TED talk. Available at: <https://www.ted.com/talks/ellen_jorgensen_biohacking_you_ can_do_it_too>, nd.

Kaebnick, G.E. and Murray, T.H. *Synthetic Biology and Morality: Artificial Life and the Bounds of Nature.* Cambridge, MA: MIT Press, 2013.

Lentzos, F., Jefferson, C., and Marris, C. *Synthetic Biology and Bioweapons.* London: Imperial College Press, 2017.

Pahara, J., Dickie, C., and Jorgensen, E. *Hacking DNA with Rapid DNA Prototyping: Synthetic Biology for Everyone.* Sebastopol, CA: O'Reilly

Press, 2017.

引用元

Cho, R. State of the Planet Blog, Columbia University Earth Institute. Available at: <http://blogs.ei.columbia.edu/2011/07/08/synthetic-biology-creating-new-forms-of-life/>, 2011.

Church, G. Interviewed for SynBioWatch. Available at: <http://www.synbiowatch.org/2012/10/how-synthetic-biology-will-change-us/>, 2014.

Kahn, J. 'Synthetic Hype: A Skeptical View of the Promise of Synthetic Biology', *Val. U. L. Rev*. 45/29. Available at: <http://scholar.valpo.edu/vulr/vol45/iss4/2>, 2011.

Kuiken, T. 'DIYbio: Low Risk, High Potential', *The Scientist*, 1 March. Available at: <https://www.the-scientist.com/?articles.view/articleNo/34443/title/DIYbio--Low-Risk--High-Potential/>, 2013.

Thomas, J. 'Synthia is Alive…and Breeding Panacea or Pandora's Box?', *ETC News Release* 20 May. Available at: <http://www.etcgroup.org/sites/www.etcgroup.org/files/publication/pdf_file/ETCVenterSynthiaMay202010.pdf>, 2010.

Willets, D. 'Statement Concerning the Establishment of BBSRC/ EPSRC Synthetic Biology Research Centres in the UK'. Available at: <http://webarchive.nationalarchives.gov.uk/ 20140714082920/http://www.epsrc.ac.uk/newsevents/news/ biologyresearchcentres/>, 2014.

▌著者

ジェイミー・A・デイヴィス／Jamie A. Davies

エジンバラ大学、実験解剖学教授。ケンブリッジ大学で発生神経生物学博士号を取得。『Life Unfolding』(Oxford Univ Press)、『Mechanisms of Morphogenesis; second edition』(Academic Press)など複数の著書があり、ヒトや高等動物の身体をつくり維持する細胞機構に関する200以上の研究論文がある。生物学会フェロー、王立医学会フェロー、高等教育アカデミー主席フェロー、電気電子学会会員。

▌監訳者

藤原 慶／ふじわら・けい

慶應義塾大学理工学部生命情報学科専任講師。東京大学農学部生命化学専修を経て、東京大学新領域創成科学研究科メディカルゲノム専攻にて博士(生命科学)。専門は合成生物学(特に、本書における「生命をつくり出す研究」)と細胞内反応の生物物理。主な訳書に『自然世界の高分子』(吉岡書店)など。

▌訳者

徳永 美恵／とくなが・みえ

翻訳家。全国英語通訳案内士。西日本を中心に訪日外国人ツアーを実施するほか、英語ウェブサイトの翻訳を行う。国際協力機構(JICA)研修監理員、日本国際協力センター(JICE)コーディネーターとして、東南アジア、中央アジア、アフリカ諸国等、発展途上国から来日する研修員、大学院留学生の支援を担当している。

サイエンス超簡潔講座 合成生物学

2021年4月15日発行

著者　ジェイミー・A・デイヴィス
監訳者　藤原 慶
訳者　徳永 美恵
編集, 翻訳協力　編集プロダクション雨輝
編集　道地恵介，鈴木夕未
表紙デザイン　岩本陽一
発行者　高森康雄
発行所　株式会社 ニュートンプレス
〒112-0012　東京都文京区大塚 3-11-6
https://www.newtonpress.co.jp

ISBN 978-4-315-52353-9
